改变机器人和
人工智能史的
50个发明

宇航员的蜜蜂
NASA'S BEES
and 49 Other Inventions that Revolutionized Robotics & AI

UNREAD

[英] 罗布·沃——著
Rob Waugh

傅
力——译

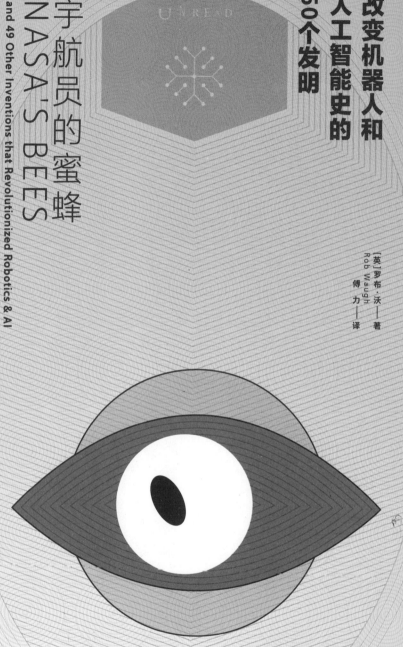

天津出版传媒集团
天津科学技术出版社

著作权合同登记号：图字 02-2023-043

NASA's Bees: And 49 Other Inventions That Revolutionized Robotics and AI by Rob Waugh
Copyright © Elwin Street Limited 2023
Conceived by Elwin Street Productions
10 Elwin Street
London E2 7BU
United Kingdom
Simplified Chinese edition copyright © 2023 by United Sky (Beijing) New Media Co., Ltd.
All rights reserved.

图书在版编目（CIP）数据

宇航员的蜜蜂：改变机器人和人工智能史的50个发明 / (英) 罗布·沃著；傅力译. -- 天津：天津科学技术出版社, 2023.4
书名原文: Nasa's Bees: And 49 Other Inventions That Revolutionized Robotics and AI
ISBN 978-7-5742-1011-0

Ⅰ.①宇… Ⅱ.①罗… ②傅… Ⅲ.①人工智能 - 普及读物 Ⅳ.①TP18-49

中国国家版本馆CIP数据核字(2023)第053484号

宇航员的蜜蜂：改变机器人和人工智能史的50个发明
YUHANGYUAN DE MIFENG：GAIBIAN JIQIREN HE RENGONGZHINENGSHI DE 50 GE FAMING

选题策划：联合天际·边建强

责任编辑：胡艳杰

审　　校：冯尤嘉

出　　版：天津出版传媒集团
　　　　　天津科学技术出版社

地　　址：天津市西康路35号

邮　　编：300051

电　　话：（022）23332695

网　　址：www.tjkjcbs.com.cn

发　　行：未读（天津）文化传媒有限公司

印　　刷：北京雅图新世纪印刷科技有限公司

开本 880 × 1230　1/32　印张5.375　字数125 000
2023年4月第1版第1次印刷
定价：49.80元

关注未读好书

客服咨询

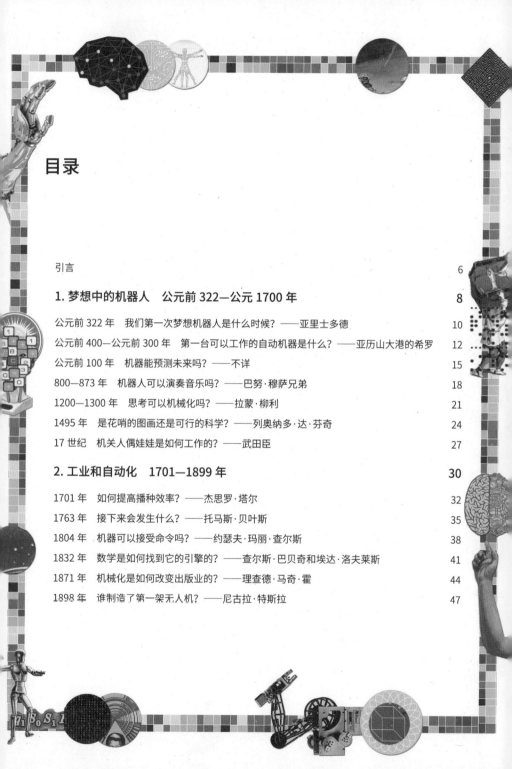

目录

引言   6

1. 梦想中的机器人　公元前 322—公元 1700 年   8

公元前 322 年　我们第一次梦想机器人是什么时候？——亚里士多德   10

公元前 400—公元前 300 年　第一台可以工作的自动机器是什么？——亚历山大港的希罗   12

公元前 100 年　机器能预测未来吗？——不详   15

800—873 年　机器人可以演奏音乐吗？——巴努·穆萨兄弟   18

1200—1300 年　思考可以机械化吗？——拉蒙·柳利   21

1495 年　是花哨的图画还是可行的科学？——列奥纳多·达·芬奇   24

17 世纪　机关人偶娃娃是如何工作的？——武田臣   27

2. 工业和自动化　1701—1899 年   30

1701 年　如何提高播种效率？——杰思罗·塔尔   32

1763 年　接下来会发生什么？——托马斯·贝叶斯   35

1804 年　机器可以接受命令吗？——约瑟夫·玛丽·查尔斯   38

1832 年　数学是如何找到它的引擎的？——查尔斯·巴贝奇和埃达·洛夫莱斯   41

1871 年　机械化是如何改变出版业的？——理查德·马奇·霍   44

1898 年　谁制造了第一架无人机？——尼古拉·特斯拉   47

3. 现代机器人学的黎明　1900—1939 年　　50

1914 年　机器人对战人类？——莱昂纳多·托雷斯－克韦多　　52

1914 年　"机器人"是什么意思？——卡雷尔·恰佩克　　56

1925 年　机器人能自己开车吗？——弗朗西斯·P. 胡迪尼　　58

1927 年　机器人能对指令做出反应吗？——罗伊·J. 温斯利　　61

1928 年　"人形机器"应该是什么样子的？——弗里茨·朗　　64

1938 年　波拉德的专利有什么用？——威拉德·波拉德　　67

4. 培养智能　1940—1969 年　　70

1942 年　机器人能凌驾于法律之上吗？——艾萨克·阿西莫夫　　72

1944 年　女性如何帮助埃尼阿克？——约翰·莫奇利、弗朗西斯·霍伯顿　　75

1949 年　机器能像我们一样思考吗？——埃德蒙·伯克利　　78

1950 年　机器如何通过图灵测试？——艾伦·图灵　　81

1951 年　什么是 SNARC？——马文·明斯基　　84

1956 年　人工智能是什么时候诞生的？——约翰·麦卡锡　　87

1960 年　机器能照顾好自己吗？——约翰·查伯克　　90

1961 年　机器人能做人类的工作吗？——乔治·德沃尔　　93

5. 适者生存　1970—1998 年　　96

1970 年　沙基是怎么思考的？——查尔斯·罗森　　98

1987 年　机器人技术可以用来治疗癌症吗？——约翰·阿德勒　　102

1990 年　机器能从它们的行为中学习吗？——马娅·马塔里奇　　105

20 世纪 90 年代　机器人是如何表达情感的？——辛西娅·布雷西亚　　108

1993 年　机器可以在水下游泳吗？——迈克尔·特里安塔菲卢　　111

1997 年　谁的足球踢得更好？——北野浩章等人　　114

1997 年　电脑是如何在国际象棋中获胜的？——许峰雄和默里·坎贝尔　　117

$q_1 S_0 S_1 R q_2; \; q_2 S_0 S_0 R q_3; \; q_3 S_0 S_2 R q_4; \; q_\ldots R q_1;.$

6. 居家机器人 1999—2011 年 120

1999 年   机器人能取代我们的宠物吗？ ——土井利忠和藤田政宏 122

2000 年   机器人能靠自己的双脚站立吗？ ——重见智 125

2001 年   机器人能杀人吗？ ——通用原子公司 128

2001 年   为什么蛞蝓害怕机器人？ ——伊恩·凯利、欧文·霍兰德和克里斯·梅尔休伊什 131

2002 年   机器人能帮我们做家务吗？ ——科林·安格尔、海伦·格雷纳和罗德尼·布鲁克斯 134

2003 年   机器人可以走多远？ ——史蒂夫·斯奎尔斯 137

2005 年   汽车是如何自动驾驶的？ ——塞巴斯蒂安·特龙 140

2011 年   机器人能帮助我们走路吗？ ——山海嘉之 143

7. 科幻小说成为现实 2011 年至今 146

2011 年   仿人机器人能帮助宇航员吗？ ——朱利亚·巴杰 148

2015 年   机器人能当警察？ ——斯泰西·斯蒂芬斯 150

2016 年   计算机是如何学会下围棋的？ ——杰米斯·哈萨比斯 153

2016 年   机器人会变得激进吗？ ——彼得·李 156

2016 年   索菲娅是如何获得公民身份的？ ——戴维·汉森 158

2018 年   机器会不会有好奇心？ ——马德琳·甘农 161

2019 年   蜜蜂能在太空中飞行吗？ ——玛丽亚·布阿拉特 164

2022 年   人工智能会接管世界吗？ ——萨姆·奥尔特曼 167

术语表 170

引言

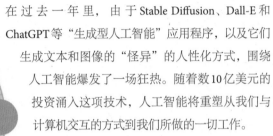

在过去一年里，由于 Stable Diffusion、Dall-E 和 ChatGPT 等"生成型人工智能"应用程序，以及它们生成文本和图像的"怪异"的人性化方式，围绕人工智能爆发了一场狂热。随着数10亿美元的投资涌入这项技术，人工智能将重塑从我们与计算机交互的方式到我们所做的一切工作。

我们现在已经被人工智能和机器人包围了。你和手机的语音助手说话，或使用智能恒温器，实质上就是在依靠人工智能。甚至我们购买的商品在仓库里的仓储排列也是由机器人高效完成的。

机器人还将接管那些对人类来说风险太大、难度太高的工作，无论是太空探索，还是外科手术（并将人类专家的工作范围扩大到世界各地，甚至是太空）。

当我们第一脚踏上火星时，其中的一些队员将不是人类，而是机器人。

那么，我们是如何走到今天的？本书回顾了机器人和人工智能发展的50座里程碑，从古人第一次想象出人工仆人，到塑造人类未来的尖端机器。

其中最令人意想不到的是，人类从很早就开始迷恋机器人和会思考的机器。公元前4世纪，古希腊哲学家亚里士多德想象了一个未来的自动机器，能从人类手中接过世俗的任务。与此同时，古希腊科学家们设计了各种各样的玩意儿，从自动售货机到靠气动和齿轮驱动的倒酒"女仆"。

在中国古代，有一篇文章描述了一位发明家向君王展示了一个会动的奇怪人偶。在9世纪的巴格达，有三兄弟创造了一本含有自动装置的奇书，其中包括一个由流水驱动的吹笛人，它可以演奏预先设定好的曲子。

在真正能够"思考"的机器诞生前的数百年，13世纪的神秘主义者拉蒙·柳利设计了一台由旋转纸盘组成的机器，目的是让人们皈依基督教。如今，他被看作计算机科学的"先知"。在另一个更为奇特的事例中，15世纪的博学家列奥纳多·达·芬奇设计了一个可以挥舞手臂的机械骑士，以及一辆似乎是可编程的"自动驾驶"马车。

在工业革命中，像提花织机这种机器的发明为现代世界的发展奠定了基础：这种设备所使用的打孔卡片启发了计算机先驱查尔斯·巴贝奇，并为20世纪的计算机信息处理技术打开了大门。到了20世纪60年代，美国每年要用掉5 000亿张打孔卡片。

尽管近几百年来机器人和人工智能的发展速度越来越快，但许多先驱者却相对默默无闻。比如，尼古拉·特斯拉在1898年展示的遥控船（这在当时太不可思议了，以至于一些观察者认为这台机器里有一只猴子）。20世纪20年代，第一批无人驾驶汽车（或称"幽灵汽车"）驶上街头曾把行人吓得纷纷逃命。虽然艾伦·图灵在第二次世界大战期间破解恩尼格玛密码的工作众所周知，但在英吉利海峡对岸，另一位计算机先驱努力研制的机器由于被盟军的炸弹摧毁，直到柏林陷落后才逐渐被世界所知。

机器人和人工智能技术的最新突破让我们得以一窥自己的未来。美国国家航空航天局的"宇航蜂"是一种飘浮的立方体，它们利用空气喷嘴在国际空间站的微重力环境中"飞行"。

2016年，谷歌的AlphaGo在围棋这一古老的棋类游戏中击败了彼时人类最优秀的围棋棋手，其背后的团队转而开发能够在不被告知规则的情况下取得胜利的系统。这可能会赋予人工智能真正"思考"的能力——不再需要有人告诉它做什么或如何做，它就能自行解决现实世界的问题。我们生活在一个科幻小说正在成为现实的世界，而本书讲述了这一切是如何发生的。

1. 梦想中的机器人
公元前 322—公元 1700 年

　　早在有技术可以造出"金属人"之前，古人就想象过"自动机器"。古希腊神话中就描述了巨大的铜人，以及由神的魔法赋予生命的物体。

　　亚里士多德等哲学家想象了一个世界，在那里，生活工具将取代奴隶。气体力学等技术是这些自动机器运动的原理，这些装置不仅会像鸟儿一样鸣叫，还能给人倒酒。

　　在1世纪之前，发明家们创造了蒸汽机和自动售货

机，以及装满自动装置的剧院，这些装置产生的特效演
绎了神灵走入现实的情景。

不仅仅是古希腊可以将无生命的物体在水、蒸汽和
空气的驱动下变得有生命。在巴格达，传说有三兄弟创
造了地球上第一个可编程的设备；在中国古代则流传着
一个故事，讲述了一个有生命的奇怪木偶，它可以行走
和说话……

研究员：
亚里士多德
主题领域：
自动化仆人
结论：
想象可以取代工人
的自动化工具

我们第一次
梦想机器人是什么时候？

亚里士多德早期的乐观设想

"Automaton"（自动机器）一词来自荷马的《伊利亚特》（*Iliad*），这是一部被认为创作于公元前8世纪，以特洛伊战争为背景的古希腊史诗。在这首诗中，众神的铁匠赫菲斯托斯有几台为他工作的神奇机器，包括会发出声音的风箱，各种用金银制成的人形仆人和护卫犬。但这些仆人中最耐人寻味的是赫菲斯托斯的自动三脚架，它们被命名为"automatons"。

古希腊神话中还有其他"人造人"。例如，巨人塔洛斯也是赫菲斯托斯制作的，他是一个巨大的金属守护者。当伊阿宋和阿尔戈英雄从他的脚跟上拔下一颗巨大的钉子后，"灵液"（众神血管中类似血液的液体）从他的青铜身体中流出时，他才死去。1963年，雷·哈里豪森在好莱坞经典电影《伊阿宋与阿尔戈英雄》（*Jason and the Argonauts*）中以定格动画的形式将塔洛斯塑造成不朽的动画形象。在荷马的《伊利亚特》出版几百年后，亚里士多德开始考虑使用自动化工具来取代奴隶，以及这些机器该如何融入社会。

亚里士多德是一位哲学家和科学家，于公元前384年左右出生在古希腊。他是哲学家柏拉图的学生，后来成为亚历山大大帝的导师。

科技解放

奴隶制在古希腊普遍存在，富裕家庭通常拥有至少一个奴隶，亚里士多德就是在一个这样的世界里创造着他的自动机器。对亚里士多德来说，这个想法具有重大意义。他写道："如果每件工具都能按照命令或通过智能预测完成自己的工作，就像代达罗斯的雕像或赫菲斯托斯制造的三脚架一样……那么梭子就会自己织布，拨片就会自己弹琴。在这种情况下，管理者将不需要下属，主人也不需要奴隶。"

这段话有两种解读方式：一种解读是，亚里士多德在描述一种荒谬的情景，讽刺社会可能会被这种方式颠覆；另一种解读是，他描述了一些可能发生的事情，他希望未来有一天这样的技术会出现，以解放工人和奴隶。

无论如何，亚里士多德对于自动化将意味着奴隶解放的想法是乐观的。例如，在工业革命时期，第一批工厂经常使用棉花，是因为机器可以更好地加工棉纤维而不是羊毛。但这些棉花仍然是由美国种植园的奴隶采摘的。

在亚里士多德时代的1 000多年后，他关于机器将取代人类工人的想法以设备的形式成为现实，例如雅卡尔织布机，在19世纪极大地加快了织造过程（见40页）。

研究员：

亚历山大港的希罗

主题领域：

自动装置

结论：

希罗创造了动画角色、剧院甚至是蒸汽机

第一台可以工作的自动机器是什么？

希罗的机器人是如何诞生的？

"自动装置"的概念深深吸引着古希腊人，古希腊神话中的铜人被描述为由铁匠在熔炉中锻造而成。而随着液压、水力和蒸汽动力等技术的出现，古希腊科学家和作家获得了利用金属和木材创造从动画生物到现实生活中的蒸汽机等"活"物的能力。

这些装置利用齿轮和绳索等结构组合而成，通常作为玩具用于娱乐或创造神奇的效果。

到了公元前3世纪，拜占庭的菲洛描述了一种气动装置，包括一个人形的"女仆"，它可以自动地将酒和水倒入杯中（古希腊人和古罗马人喜欢在饮酒前将酒和水混合）。

但最高产的自动装置发明家也许是公元70年左右去世的亚历山大港的希罗。希罗是一位非常有影响力的数学家和几何学家（他的几部作品流传至今），同时他也为大量奇特的玩具和动画生物做过设计。

啁啾的鸟儿

这些装置并没有流传下来，但希罗的描述和设计显然具有一定的实用性和可行性。其中一个设计是一群机械鸟开始一起唱歌，然后当一只金属猫头鹰转过身看着它们时，它们就会安静下来。

这个基于液压原理的自动装置改编自菲洛的早期设计，由隐藏的管道和装满水的虹吸管驱动，这些管道使得鸟儿可以站在上面旋转。通过压迫空气穿过底部盛满水的容器，鸟儿会发出鸣叫。

希罗描述了大量这样的装置，包括一个可以由机器人"表演"戏剧的剧院。这些装置由砝码、齿轮和流入容器的沙子驱动，工作时如同沙漏一样。剧院可以上演不同特效的烟火表演，由连接在自动人偶上的绳索驱动。在一出戏中，酒神狄俄尼索斯面前的祭坛被点燃，当他把酒洒在一只黑豹身上时，牛奶会从他的权杖上流下来。他的追随者随着鼓声起舞。自动人偶由缠绕在鼓上的绳索拉动，根据绳子的长度不同，不同的"角色"将在特定的时间移动。

希罗在一出戏中这样描述雅典娜："一根绳索从臀部后边拉起她，并使她保持平衡。再将这根绳子松开，由另一根套在腰上的绳子拉着她转圈，直到她重新回到开始的地方。"

空气和蒸汽

酒和牛奶可以用气动技术倒出来，这是希罗在另一本书《气动》（*Pneumatica*）中探讨的问题，其中流水和气压被用来创造猫头鹰和动画中的神话英雄，其中许多还会与观众互动。

希罗写道："在基座上放一棵小树，一条大蛇或恶龙盘绕在树上；赫拉克勒斯的雕像就站在附近，摆出拉弓射箭的姿势，且基座上放着一个苹果。如果有人把苹果从基座上拿起来，赫拉克勒斯会向大蛇放箭，接着大蛇就会发出嗞嗞声。"希罗的许多发明都是为了在寺庙的环境中使用，以提供"神迹"的效果，包括一个在点火时自动打开寺庙大门的装置，以及一个在投下5德拉克马硬币后就能出水的自动贩卖机。

也许希罗最超前的发明（也是一个完全忽略技术要点的著名案例）是一个由蒸汽动力驱动的旋转球。希罗写道："将大锅放在火上，一个球将在转轴上旋转。"

1 500多年后，蒸汽动力才彻底改变了欧洲和全世界的工业，为轮转印刷机等发明铺平了道路（见46页）。

"陛下，那是我的杰作。"

像希罗这样的发明家所使用的技术可能并不是独一无二的。在中国的一篇古文中，某种形式的自动装置可能已经由中国古代的发明家展示过，它甚至可以追溯到希罗的发明之前。

《列子·汤问》中有一段关于周穆王和一个自动人偶相遇的奇特故事。"'若与偕来者何人耶？'对曰：'臣之所造能倡者。'"周穆王惊讶地盯着那个人影。它迈着急促的步伐，上下移动着脑袋，任何人都会把它当作一个活人。工匠摸了摸它的下巴，它开始唱起歌来，唱得非常和谐。他又摸了摸它的手，它开始摆姿势，保持着完美的节奏。

这个故事显然有虚构的成分（因为人偶对周穆王身侧的妃嫔飞眼传情，使得周穆王对自动人偶的制造者很恼火，创造者在周穆王面前拆解了人偶，揭示了人偶如何在移除了内部器官时逐一失去其感官和能力），但这也提出了一个有趣的问题：古代中国可能拥有哪些真正的自动装置？

公元前3世纪的一篇文章中描述了一支为皇帝制作的机械乐队。到了唐朝时期（7世纪至10世纪），自动装置在朝廷中很受欢迎，其中包括捕鱼的水獭和乞讨的和尚。

中国和古希腊的自动机比18世纪欧洲的自动机和日本江户时期流行的木偶早了1 000多年，但在未来的几个世纪，展示的技术将被用于制作简易的自动鸭子和恶魔。

机器能预测未来吗？

天球仪是如何计算行星运行的？

公元前 100 年

研究员：
不详
主题领域：
天文计算
结论：
该机制帮助古希腊
人预测日食和其他
事件

1900 年，船长季米特里奥斯·康托斯派了一队海绵潜水员[1]在希腊安提凯希拉岛的海岸边工作，当时他们在船上等待一场春季风暴到来。潜水员伊利亚斯·斯塔迪提斯浮出海面，带回了一个青铜雕像的手臂，他说下面还有很多。

他发现了公元前1世纪一艘商船的残骸。在被带到地表的珍宝中，有一个钙化的块状物，里面装满了古老的齿轮。很少有古物能与安提凯希拉机械装置的神秘程度相媲美。在过去的120年，安提凯希拉机械装置由几块碎片慢慢组装而成。这种神秘的发条装置直到现在才接近被完全理解，它经常被称为"世界上第一台计算机"。

研究人员花了一些时间才意识到他们的发现的重要性。该装置内部齿轮的复杂性在古代世界是完全无法想象的，直到 1 000 年后建造第一座大教堂的时钟时才有所改变。

安提凯希拉装置研究组汇集了研究该装置的不同团队。该项目组表示，最初，因为担心过于热情的研究人员夸大了它的复杂性，所以这台机器在一定程度上被忽视了。事实上，情况恰恰相反。

像钟表装置一样

这一发现引出了一系列问题。为什么从来没有发现过类

---

1 海绵潜水是在水下潜水，收集柔软的天然海绵供人类使用。这是已知的最古老的水下潜水行为。

似的东西？这个装置究竟能做什么？研究人员知道该装置的功能与天文学有关，但花了几十年时间才弄清楚这些功能具体是什么。

从古典学者到天文学家再到计算机科学家，这个装置已经让各个行业的研究人员着迷。他们对这个不完整的装置中可能存在的其他部件进行了复原，试图了解它的工作原理。

通过X射线，人们发现这台装置包含了第一套已知的科学表盘和30个齿轮。它由青铜板制成，上面布满了希腊铭文，这些铭文显示它曾被用作一种天文日历。

人们相信，一个中央轴（已丢失）连接控制转动一个大的主齿轮，每转一圈就是一个太阳年。有一个大表盘显示太阳和月亮的位置，还有一个球显示月相。这台装置可以帮助古希腊人预测日食等天文事件。

最后幸存者

根据安提凯希拉装置研究项目成员的说法，像它这样的其他物品没能流传下来的原因相当简单。在那个时代，青铜不仅极具价值，而且可回收利用，还被用来铸造钱币。因此，大多数幸存的古代青铜器来自水下，只有那里的金属没有机会被熔化和重新加工成其他东西。

研究人员认为一定还有其他类似装置的另一个原因是：不仅现存的古希腊著作中描述了其他复杂的机器，而且这种机械装置在建造时没有显示出被修改的迹象，这表明制造者一定有制造类似装置的经验。

这台装置激发了粉丝们自制复刻品的热情，包括苹果工程师安迪·卡罗尔用乐高积木制作的一台可使用的复刻品。卡罗尔的机器看起来并不完全像这个装置（由于乐高的局限性），但他认为其功能非常相似。

"这是一台模拟计算机，这意味着它不能执行程序，"卡罗尔说，"安提凯希拉装置和我的乐高版本都只是简单的机械计算机：当你以一种速度转动曲柄时，所有的轮子以另一种速度转动。这种校准的速度具有特定的意义——在这台装置中就是预测天体的周期。"

重制装置

卡罗尔说，该装置的模拟计算能力类似于第二次世界大战中战舰上用于计算距离的机器。其他人也制作了安提凯希拉装置的部分复刻品，包括伦敦科学博物馆的迈克尔·赖特。2021年，伦敦大学学院的一个团队首次重建了该装置前端的齿轮系统。2005年的X射线研究已经揭示了该装置如何预测月食和计算月球的运动。但该团队利用X射线，对内部铭文进行解读，进一步重建了宇宙图景，其中的标记珠可显示行星在环上的运动轨迹。研究小组使用了哲学家巴门尼德描述的一种古希腊数学技术，计算出了机械装置的制造者是如何准确地表示金星462年和土星442年的行星周期。

机械工程教授托尼·弗里思说："我们的模型是第一个符合所有物理证据并与刻在机械装置上的铭文描述相匹配的模型。这台装置展示了古希腊人对太阳、月亮和行星研究的辉煌成就，是古希腊文明辉煌的杰作。"

该团队希望利用当时工匠可以使用的工具来重建该装置。但是，包括安提凯希拉装置研究项目组在内的许多人认为，这台装置可能藏有更多秘密待人发现。

研究员：

贾法尔·穆罕
默德·本·穆
萨·本·沙基尔、
艾哈迈德·本·穆
萨·本·沙基尔、
哈桑·本·穆
萨·本·沙基尔（巴
努·穆萨兄弟）

主题领域：

自动装置

结论：

创造了领先时代几
个世纪的可编程长
笛播放器

机器人可以演奏音乐吗？

9世纪的巴格达是如何走向电脑音乐的？

在9世纪，巴格达是全世界最富有的城市，哈里发统治着一个比鼎盛时期的罗马帝国还要繁荣的帝国。这座城市彼时正在成为地球上最伟大的科学中心。伊斯兰科学家在医学、天文学、化学和数学（"代数"一词来自阿拉伯语al-jabr）方面均取得了突破性进展。

在该地区的众多成就中，有一些自动装置预示了许多世纪后机器人的能力。巴格达的巴努·穆萨兄弟创造了世界上第一个可编程设备，一个可以改变曲调和节奏的音乐播放器，这比其他任何地方的类似产品都要早许多个世纪。

哈里发的宫廷

穆萨·本·沙基尔有三个儿子，他原本是一个强盗，后来成为天文学家和工程师。和他一样，这三兄弟也是哈里发宫廷的常客。三兄弟一个名叫贾法尔·穆罕默德，专攻几何和天文学；一个叫艾哈迈德，专攻几何学；还有一个叫哈桑，主要从事机械方面的工作（他被认为是三兄弟制造自动装置的主要贡献者）。巴努·穆萨兄弟经常一起为自己的作品署名，他们也撰写数学和天文学方面的书籍。

穆萨·本·沙基尔去世后，哈里发·马蒙成为三兄弟的监护人，他们从此声名鹊起。马蒙创立了智慧之家（被称为自亚历山大图书馆以来最全面的图书馆），并建立了天文观测台。马蒙将三兄弟招入智慧之家，并给他们设置了一些挑战，比如测量纬度。三兄弟在沙漠中以惊人的准确性完成了测量任务。

科学历史学家贾马尔·阿尔达巴格在《科学传记词典》

（*Dictionary of Scientific Biography*）中写道："巴努·穆萨兄弟是最早研究希腊数学著作并为阿拉伯数学学派奠定基础的阿拉伯科学家。虽然他们可以被称为希腊数学的信徒，但他们一些偏离希腊古典数学的计算方式对后世一些数学概念的发展非常重要。"

巴努·穆萨兄弟在测量面积和体积、观察太阳和月亮，以及测量一年的长度方面取得了突破性进展。尽管他们撰写了20多部作品，其中几部也流传至今，但三兄弟最出名的可能还是他们的机械技巧。

巧妙的装置

他们最著名的作品是《巧妙装置之书》（*Book of Ingenious Devices*）。书中描述了各种各样的"魔术"壶，它们有着惊人的能力，比如可以将两种液体分别倒进去，然后再分别倒出来而不混合（这是通过壶内不同的隐藏隔间实现的）。

500年后，阿拉伯历史学家伊本·赫勒敦写道："有一本关于机械学的书，里面提到了各种令人惊讶的、卓越的和漂亮的机械装置。"

书中列出的100个小装置中，大多数都是作为新奇小玩意儿的设计，不过其中也有一些真正有用的装置，比如用于水下捡起物体的翻盖抓取器，以及用于清除井中污浊空气的波纹管式装置。

另一项神奇的发明是将水按量分配（类似于公共厕所中水槽的作

用，以节约用水）的装置。有些装置是古希腊作品中提出的装置的变形，另一些则来自全新的创意。

音乐响起来

巴努·穆萨兄弟发明的音乐设备有着惊人的创新，包括一台被公认是世界上最早的音乐定序器（类似于今天电子艺术家使用的那些）和第一台可编程机器。

这台机器被认为是在875年左右建造的，它由稳定的水流提供动力，可以连续演奏曲子。它的构造看起来像一个人类长笛演奏者，用手指控制吹奏管。

三兄弟写道："我们希望详细说明如何制造一种乐器，它可以在任何旋律中连续不断地演奏，而且可以根据我们的意愿从一个旋律转换到另一个旋律。"

无独有偶，以前古希腊和中国的自动人偶也演奏过管乐器。但这些自动装置只是重复相同的模式（或者在许多情况下，是由空气被强制通过管道而发出的哨声）。

三兄弟的创作则完全不同：小雕像内有一个暗室，类似于后来用于儿童音乐盒的针筒装置，它利用流水推力为笛子乐器提供气压。

重要的是，针筒可以改变和编程，音乐的旋律和节奏的可变性使它被认为是地球上第一台可编程设备，是第一批计算机的祖先。事实上，专家们认为，直到20世纪，被称为"音序器"的类似音乐设备才正式面世。它根据一系列指令播放音乐，就像三兄弟的长笛演奏者的手指。因此，9世纪巴格达的长笛演奏自动装置被描述为整个计算机音乐领域的祖先。

思考可以机械化吗?

拉蒙·柳利的"轮盘表"
是如何实现思考自动化的?

13世纪的基督教神秘主义者与21世纪的计算机科学家有什么共同之处? 你可能会觉得两者并无多少相似之处。但是拉蒙·柳利,一位1232年出生于马略卡岛,1315年死于突尼斯的小说家和诗人(据说是被穆斯林用石头砸死的,起因是他希望穆斯林改信基督教),被当今许多计算机科学家认为是他们的灵感来源。

据说柳利在30岁的时候正在创作一首淫秽的情歌,突然经历了耶稣被钉在十字架上的神秘景象,事实证明这是他人生中的一个转折点。此后,他致力于传教工作,前往北非等地区,试图使当地人皈依基督教。

柳利因推广加泰罗尼亚语和关于选举的想法而闻名,这些想法比他所在的时代领先了几百年。但奇怪的是,让现代计算机科学家喜欢上他的那些文字其实是一种逻辑工具,当初被创造的本意是让穆斯林皈依基督教。

一台思考的机器

柳利指出,通过公开辩论使穆斯林皈依基督教的尝试并不成功。他认为,为了使人们改变信仰,他必须找到一种能够产生和证明与上帝有关的真理的方法。

柳利使用了一种叫作"轮盘表"的装置,这是一种由同心圆组成的旋转纸片。他在自己的哲学著作《伟大的、普遍的和终极的艺术》(*Great, General and Ultimate Art*)中详细地介绍了这种装置。轮盘表并不是柳利独创的,但他首次使用了旋转纸片。

1200—
1300 年

研究员:

拉蒙·柳利

主题领域:

思考自动化

结论:

第一种"机械"思考的方式,对后来的科学家产生了巨大的影响对于他的轮盘表，人们认为他是从观察一种被称作"zairja"的占星装置中获得的灵感，这种装置被阿拉伯占星家用来辅助占星。

对柳利来说，制备逻辑装置的目的是将观点分解成单元，然后这些单元可以随机相互连接，通过旋转同心圆产生所有可能的论点组合。外盘上是上帝的9个名字，而内盘上是上帝的属性。

研究员苏珊·卡尔是期刊论文《神圣与世俗的构造》（*Constructions Both Sacred and Profane*）的作者，她写道："如果使用得当，9个字母组成的3层组合……可以回答所有关于创造甚至是未来的问题，以及解决宗教辩论的观点冲突。"

通过轮盘表，柳利会创造出随机的关联链，这可以自动揭示跟神有关的所有信息。在旋转盘上，上帝的名字和面貌以字母的形式显示出来，然后使用者可以读出三个圆盘（由一个中心大头针固定）的每个位置所显示的观点组合。

在柳利设想的前几个版本中，他也建议过使用树状图，使用者可以从中得出他们的想法，但旋转的圆盘增加了一个自动化元素，这也影响了后来的思想家。

旋转的想法

用机器来表示思想单元的想法具有革命性。柳利还创造了一种叫作"夜球"的旋转仪。它利用星星的位置来计算夜间的时间（使医生能够在正确的时间用药）。这种旋转仪后来被用来计算整个欧洲的日期和天文事件。

但是，柳利用轮盘表连接思想的想法对现代计算机鼻祖之一产生了巨大而直接的影响。他就是17世纪德国发明家、博学家戈特弗里德·威廉·莱布尼茨。

年仅20岁的莱布尼茨发表了一篇题为《论组合术》(*On the Combinatorial Art*)的论文，该论文提出，人类的想法可以被分解成用符号表示的单元（他称之为"人类思想的字母表"）。

他希望制造一台逻辑计算机器（"伟大的理性工具"），使其能够回答任何问题，解决所有争论。

柳利的想法变成了现实

莱布尼茨将他的想法描述为柳利的梦想成真，正是这一认可，让柳利被一些人视为现代计算机科学的奠基人。莱布尼茨写道："如果出现争论，哲学家式的争论不如两个计算器之间的较量来得干净利落。他们只需拿起铅笔，坐在算盘前，对对方说（如果他们愿意，也可以对被叫来帮忙的朋友说）：让我们计算吧！"

莱布尼茨的著名战斗口号："Calculemus！"（让我们计算吧！）提出了一个乐观的未来，机器可以像数学家解决数字问题一样，轻松而精确地解决哲学或宗教问题，并希望它能成为一种"通用工具"。

1671年，他发明了一种可以使用齿轮进行乘法运算的计算器。这种计算器通过重复加法进行乘法运算，被称为"步进计算器"。虽然步进计算器本身并未使用二进制，但莱布尼茨很提倡使用二进制（现在几乎所有的计算机都使用二进制）。他甚至设想出了一种使用实物而不是真空管或晶体管的二进制计算器。

拉蒙·柳利的想法预示了在13世纪无法想象的技术。多亏了莱布尼茨，使柳利获得了应有的尊敬，被称为"计算机科学的先知"，也是第一个想象以机械而非精神方式进行逻辑推理的个人。

1495 年

研究员：
列奥纳多·达·芬奇
主题领域：
自动装置
结论：
创造了机械自动装置（也可能是一种可编程装置）

是花哨的图画还是可行的科学？

达·芬奇的自动化实验

《蒙娜丽莎》可能是全世界最著名的一幅画，她神秘的微笑在5个多世纪的时间里激发了无数人的想象力。《蒙娜丽莎》背后的画家列奥纳多·达·芬奇那飞扬的创造性思维则通过他那数千页的笔记本表达出来。这些笔记本里有许多非凡的发明：从带翼的飞行服到带有螺旋桨的奇怪直升机。

人们认为达·芬奇本身完成的发明相对较少，这些设想主要以美丽图画的形式存在于他留下的笔记本中。但其中有一项被认为已经造了出来，这大概是他所有发明中最离奇的：达·芬奇机器人，也被称为"机械骑士"。

文艺复兴者

1452年，达·芬奇出生于佛罗伦萨共和国，是一位博学多才之士，他当时作为画家、雕塑家、建筑师和工程师而闻名，被描述为终极版的"文艺复兴者"。达·芬奇是一位公证人的私生子，14岁时离开学校，成为佛罗伦萨著名艺术家安德烈亚·德尔韦罗基奥的画室徒弟。达·芬奇接受过艺术训练，但没有学过拉丁语，在学校里只学过有限的数学。他晚年的科学知识主要来自他自己的观察。作为一名杰出的绘图员和人体生理学的学生，他将这些技能应用于机械解剖。

他的许多机械发明都带有明显的战争色彩。其中一项设计是一种潜水服，目的是让潜水员可以在敌军的船底行走，并在船体上凿出洞来；另一项设计描绘了一种装甲坦克（预计将在4个世纪后用于战争）。因此，他笔下的机械人以重甲骑士的形式出现也就不足为奇了。

后来，达·芬奇移居米兰，为卢多维科·斯福尔扎公爵担任画家和工程师，后者委托他绘制《最后的晚餐》。在斯福尔扎的赞助下，达·芬奇设计了他的"骑士"，一个由缆绳控制的机器，可以挥动手臂，张开和闭合嘴巴。它的外观像穿着盔甲的日耳曼骑士。我们尚不清楚达·芬奇是否真的造出了他的机器人骑士。

会动的骑士

一种观点认为，这个骑士不仅被造了出来，而且作为斯福尔扎的展品被展示出来，可能是雕塑花园中的一部分。马克·罗斯海姆是一名机器人专家，曾服务于NASA和洛克希德·马丁公司，他痴迷于收集达·芬奇的草图。他认为，不仅达·芬奇当年制造出了这个机器人，而且这个设计在今天仍然可以重现。在20世纪90年代，他花了5年时间，利用达·芬奇的人体详细图纸为NASA设计了一个叫"anthrobot"的机器人，用于模仿人体的关节和肌肉。他说，达·芬奇的画作把缆绳想象成肌肉，这帮助了他以机器人的方式模仿人体。

不仅如此，罗斯海姆还相信这个骑士具有完整的功能（并且是可复制的）。他在一次采访中说，这个机器人能"坐起来，挥舞手臂，通过灵活的脖子扭转头部，可以张开和闭合在解剖学上十分精准的下巴，依靠像鼓一样的自动乐器，它还可能会发出声音"。2002年，英国广播公司要求罗斯海姆制造一个模型，于是他制作了一个"机器骑士"的工作模型，它可以像预测的那样移动手臂。

发条狮子

其他艺术家也从达·芬奇的素描书中获得启发，重制了他笔下的一些自动装置，例如一只可以张嘴、摇尾巴和走路的"机器狮子"。

其他艺术家根据达·芬奇的笔记本重建了他的自动装置。2009年，威尼斯出生的自动化设计师雷纳托·博阿雷托基于达·芬奇为展示而创作的3只发条狮子重新创造了一只"发条狮子"。他的发条狮子高1米多（4英尺），长2米多（6英尺），能张开嘴巴、摇尾巴、行走和移动，看上去就像在咆哮。

博阿雷托还研究了达·芬奇的其他手稿，包括他对钟表的许多研究。博阿雷托使用齿轮和滑轮，并像发条玩具一样用钥匙发条，让设计的狮子可以动起来。

罗斯海姆认为，像列奥纳多的狮子这样的小玩意儿就类似于2个世纪后雅克·沃康松的鸭子（见39页），可能是被用于展示目的的自动装置。

自动驾驶小车

罗斯海姆认为，达·芬奇的自动化实验比机械人更进一步。他研究了达·芬奇的另一个著名机器的图纸——自动小车，即一种弹簧驱动的车辆，有些人将其描述为现代汽车的祖先。在过去的几个世纪里，各种专家曾试图制造这种小车，但从未成功。但是罗斯海姆认为，有一些机械部件没有在图纸中显示，而且小车是可编程的，这使达·芬奇的设计更加富有远见。

机关人偶娃娃是如何工作的？

17世纪

研究员：
武田臣
主题领域：
发条木偶
结论：
日本人欢迎发条"机器人"进入家中

机关人偶是如何使日本人爱上机器人的？

面无表情的娃娃拿着托盘上的一杯茶向前滚动。当客人拿起茶杯时，它会停下来耐心等待，直到空杯子被放回原处，然后礼貌地点头离开。

端茶机器人是一项独特的日本发明：它是机关人偶中的一种。这种机器人在舞台上和富裕的日本家庭中作为一种新奇的物品被使用了几个世纪。

机关人偶也被称为"karakuri ningyo"，可以追溯到日本江户时代（1603—1868年）。当时，日本工匠首次采用西方钟表技术，制造了这些栩栩如生但又有些猎奇的人偶，最初是被用于戏剧舞台。

几个世纪以来，机关人偶的流行不衰反映了日本长期以来对机器人的喜爱。机器人先驱之一山海嘉之曾说，日本人比西方人更乐观地看待机器人这种产物（见77页），消费机器人技术的许多创新，如爱宝狗（Aibo）和行走机器人阿西莫都来自日本公司。

人类学家乔伊·亨德里在《游戏中的日本》（*In Japan at Play*）中写道："自动化木偶是机器人的原型……在今天的日本工业中蓬勃发展。我们可以说，日本人通过机关人偶学会了驯服机器。"

计时开始

机关人偶娃娃的历史可以追溯到16世纪耶稣会传教士圣方济各·沙勿略为周防国领主大内义隆献上的日本第一台时钟。当地的工匠们迅速领会并逆向设计了钟表技术，将其用于其他用途。

大阪当地的商人和演艺界人士武田臣，利用发条、止动器和齿轮等技术，使人偶可以自主运动，并在大阪道顿堀娱乐区的舞台上进行表演。这些人偶中甚至有使用了运河中的水驱动装置，能在空中飞行并做出倒立动作。

作家井原西鹤激动地说，武田"制造了一个带轮子的机械娃娃，它的弹簧可以向任何方向移动。它端着一个茶杯，眼睛、嘴巴的活动，手臂伸展和脚步移动的动作，以及鞠躬的姿势，都非常逼真"。

这些人偶在大阪成为一种风潮，而机关人偶的生意也通过武田家族延续了下来。当地人说："如果你没有去看武田人偶，就不算到过大阪。"

东方对比西方

武田剧团于1741年和1757年两次造访了江户进行演出。演出的主题是"母腹十月"，展出了一个3个月大的婴儿木偶，它会吹笛子，并在舞台上拉屎——这与雅克·沃康松的拉屎鸭并无二致。拉屎鸭在18世纪的法国吸引了大量的观众（见39页）。武田舞台表演中的其他人偶代表了神灵、恶魔和骷髅。人偶的动作被认为影响了后世日本传统戏剧中人类演员的程式化动作。

但这些人偶的应用并没有局限于舞台。在宗教节日里，大型机关人偶会被放在街道的花车上。另一种"房间"人偶是为富人招待客人而设计的，被封建领主和其他达官贵人用作宴会上的花招。

其中，最受欢迎的是"奉茶童子"。它利用发条和隐藏的轮子驱动，根据指令前进特定的距离，为客人"端"茶，然后回到主人身边。机关人偶内部的齿轮通常是由工匠用木材手工制成的，而传统上，弹簧是由鲸须制成。鲸须是一些鲸鱼梳子状的刚硬板片，长在口中用于过滤食物。一些纯粹主义者声称，使用金属或塑料制弹簧的现代品无法再现传统机关人偶的微妙动作。

机器人产业开始兴起

机关人偶的创造者与日本今天的高科技产业之间有着直接的联系（日本是Unimate工业机器人最热衷的使用者之一，见94页）。

田中久重，即后来的日本东芝公司的创始人，在十几岁的时候就是一个著名的机关人偶发明者（发明包括一个能射箭的人偶和一个能写信的人偶）。之后，他又进行了包括电灯在内的技术革新，这为他赢得了"日本爱迪生"的称号。

田中久重出生于1799年，他利用液压、重力和气压制造了机械版的机关人偶：其中一个被称为"弓曳童子"的人偶使用了发条机制，由13个带杠杆的螺纹和12个活动部件组成。它可以同时拿起4支箭并射向一个目标。这个过程被"编程"了，所以其中一支会射偏。田中带着他的玩偶周游全国，并凭借自己的能力声名鹊起，之后他搬到东京，为日本政府开发了一套电报系统。

日本政府对机器人技术进行了大量的投资。今天，机关人偶常在展览中为游客展示。日本文化对机器人的欢迎程度是独一无二的，它们有机器人接待员，有在养老院工作的机器人，还有Cyberdyne（见145页）这样的先锋机器人技术公司。《日本时报》（*The Japan Times*）最近指出，日本老年人希望劳动力"自动化，而不是依靠移民"。

2. 工业和自动化

1701—1899 年

工业革命的曙光见证了第一批"自动化"机器的蓬勃发展。从第一台带有活动部件的农业设备，到能织出精细程度足以让人误以为是绘画的织布机，机器变成了"可编程的"——如雅卡尔织布机这样由计算机式打孔卡控制的新发明变得如此宝贵，以至于拿破仑出台法律禁止法国出口。

　　托马斯·贝叶斯等一些有远见的人用关于概率的思想奠定了数据科学的基础，1个多世纪后，这一思想在机器人技术中发挥了重要作用。与此同时，发明家查尔斯·巴贝奇构想了两台在他有生之年永远无法被制造出来的计算机，而他的合作伙伴埃达·洛夫莱斯为他构想中的计算机编写了第一个计算机程序。

1701年

研究员：

杰思罗·塔尔

主题领域：

农业自动化

结论：

创造了第一台具有活动部件的农业机器

如何提高播种效率？

杰思罗·塔尔的播种机是如何开辟新天地的？

在现代人看来，一个18世纪的马拉式播种机成为第一台点燃自动化时代火花的设备，会显得有些出乎意料。但是在伯克郡亨格福德附近的英国农场首次测试的这种播种机将永远改变农业。它的出现为机器接受指令奠定了基础。

当地农民杰思罗·塔尔后来被描述为农业上"最伟大的改良者"。他的发明为工业革命的进一步创新开辟了道路。

他的播种机是第一台有活动部件的农业机器，在提高了效率的同时，也节省了劳动力。但是塔尔倡导的许多农业思想却充满了争议性，他的发明遭到了相当多的反对（一些后来的历史学家称他为"怪人"）。

管风琴的梦

塔尔出生于1674年。在回到家庭农场之前，他学习过管风琴，并接受过律师培训。他对农场效率低下的工作现状感到沮丧，于是发明了播种机用以节省劳力。在此之前，农场都是采用手工播种的方式将种子撒到犁沟里，造成了大量的浪费。

塔尔指示他的工人要精确播种，种子的密度要低，但他们不愿意学习新的工作模式。约翰·唐纳森在他1854年的作品《农业传记》（*Agricultural Biography*）中写道，塔尔"经历了所有工作创新中常见的困难……旧的工具不合适且难用，工人们笨拙且固执"。

到1701年，塔尔对他的工人感到非常失望，于是发明了一种机器来代替他们的工作。他的灵感来自一架被拆开的管风琴。机器内部的钻头有一个旋转的圆筒，可以将种子从料斗中

引导到一个漏斗中，在那里它们会直接落入由前面的犁挖出的沟渠。当机器经过时，耙会自动地把土壤覆盖在种子上。

最初，塔尔的发明是一个单人装置，用于一次一行的播种，之后他将其升级为由马匹牵引，可以三排均匀播种。在播种时，种子都处于相同的深度，不会一粒比另一粒深或浅。他写道："它们不会被埋得太深，也不会忘记被覆土。"

繁荣的时代

这项发明使种子的存活率提高了三分之一，使他的农场获利更高。但唐纳森指出，工人们不愿意接受这项新技术，他写道：工人们"会破坏新工具，好用旧工具继续偷懒"。

塔尔的另一项发明是一种马拉的机械锄头，它有助于清除作物植株间的杂草，进一步提高农田的使用效率。

在法国和意大利旅行时，塔尔对葡萄园中使用的耕作方法印象深刻。在那里，一行行葡萄间的泥土被粉碎，以此改善植物获取水的途径，并减少植物对肥料的需求。

奇怪的想法

受到启发后，塔尔在1731年出版了一本书，名为《马耕牧》（*Horse-hoeing Husbandry*），又名《关于植被和耕作原理的论文》（*An Essay on the Principles of Vegetation and Tillage*），旨在介绍一种新的栽培方法。他的想法遇到了相当大的阻力，而他的合理想法（如播种机）与完全不靠谱的想法（如土壤本身就能滋养植物，不需要任何肥料）并不相称。塔尔认为，只要土壤被充分粉碎，就能"喂养"植物。在这一点上，他完全错了。

他写道："各种粪便和堆肥都含有一些物质，当它们与土壤混合时，就会在其中发酵。通过这种发酵，可以溶解和粉碎土壤。这就是粪便主要和几乎唯一的用途……"他错误地坚持认为没有必要施肥，把土壤粉碎就足够了，这一论点贯穿于他的书中。

塔尔于1741年去世。他的想法，无论是合理的还是错误的，在生前都没有被广泛接受。在18世纪，他的播种机对大多数农民来说太昂贵了，以至于无法流行。但在接下来的1个世纪里，其他人对他的播种机进行了改良。詹姆斯·史密斯和他的儿子们对塔尔的发明加以改良并将其推广开来，他们使用新的铸造技术生产出了一种更便宜和高效的"塔尔钻头"，并将其出口到整个欧洲。

塔尔对"科学"农业的发展有着广泛的影响。唐纳森写道："塔尔的名字将永远流传于世，成为英国农业值得骄傲的光辉人物之一。他的例子说明，当受过教育的人把注意力放在土地耕作上时，他们可能会展现出巨大优势。"

接下来会发生什么？

贝叶斯定理如何让我们预测未来？

1763年

研究者：
托马斯·贝叶斯
主题领域：
概率论
结论：
贝叶斯定理让我们
从以前发生的事情
中预测未来的结果

我们如何能计算出未来可能发生的事情？我们今天思考概率的方式是由一个18世纪的牧师就上帝的存在以及相信耶稣复活等奇迹是否合理的问题所演化而来的。

托马斯·贝叶斯的想法被称为贝叶斯定理，通过基于之前的数据来帮助人们预测未来事件发生的结果，并被用于从机器学习到新冠感染检测等各个方面。这是一个非常厉害的点子，因为它可以测定一个测试的准确率，或一个证人的可靠性，并提供基于所有变量的概率。

这个定理（见下文）是一种简单的计算方法，根据某事在以前的试验中发生的频率，计算它在未来的试验中会发生的频率。它被广泛用于金融、开发新药，在人工智能中也越来越重要。

$$P(A|B) = \frac{P(B|A)P(A)}{P(B)}$$

贝叶斯是一位数学家、长老会牧师和神学家，1702年出生在伦敦。他一生都在研究微积分，是英国皇家学会的成员。

他最有名的作品《解决机会主义问题的论文》（*Essay Towards Solving a Problem in the Doctrine of Chances*）是在他死后由他的朋友——威尔士哲学家和数学家理查德·普赖斯于1763年出版的。普赖斯出版这部作品的部分动机是想要证明上帝的存在。

哲学家戴维·休谟在他1748年的文章《奇迹》（*Miracles*）中提出仅仅观察到一个奇迹并不足以证明它已经发生。他写道："任何证词都不足以证明奇迹的发生，除非该证词是这样的：其虚假比它力图确立的事实更为神奇。"

休谟的这篇文章被普遍认为是对宗教信仰的攻击，而普赖斯决心用贝叶斯的数学理论来反驳休谟。

计算上帝

在普赖斯对贝叶斯论文的介绍中，他选择了潮水作为例子。普赖斯用贝叶斯定理（见下文）计算出，即使一个人观察到潮水已经来了100万次，它某一天不出现的概率并不是（像有些人可能想象的那样）100万分之一，而是要高50%左右，潮汐在某天不会到来的真实概率在60万分之一。

普赖斯写道："假设一个人对他读到或听到的所有事实都一概拒绝，那么人们会怎么看待这样的人呢？他要多久才能看到并承认自己的愚蠢？"

在耶稣复活这一问题上，普赖斯的观点（使用贝叶斯定理）是，多个独立目击者的描述改变了概率。

统计学家和历史学家斯蒂芬·施蒂格勒写道："休谟低估了一个奇迹有许多独立目击者的影响，而贝叶斯的论点表明，不可靠的证据倍增，足以压倒一个事件的巨大不可能性，并将其建立为事实。"

计算概率

贝叶斯定理表示为：

$$P(A \mid B) = \frac{(P(B \mid A)P(A))}{(P(B))}$$

$P(A \mid B)$ 是指在B为真时，A发生的概率。

$P(B \mid A)$ 是指在A为真时，B发生的概率。

$P(A)$ 和 $P(B)$ 是A和B发生的概率。

举个例子：如果你从52张牌中抽1张，这张牌是K的概率是4除以52，结果是7.69%，也就是1/13。但如果有人看了这张牌，发现它是一张人头牌。我们就可以用公式来计算，因为我们知道K是人头牌的概率是100%。一副牌里有12张人头牌，那么这张牌是K的概率（在知道这张牌是人头牌的前提下）是33%。

贝叶斯和新冠

贝叶斯定理已被广泛用于应对新型冠状病毒检测，并解释了一些更违背直觉的流动测试（在工作场所和学校使用的相对不准确的快速测试）结果。在横向流动测试中，当你没有被感染时，得到假阳性结果的概率大约是千分之一。

但当人群中感染率较低时，给出的阳性结果中相对较高的数量将是假阳性[这是人们经常需要进行更准确的PCR（聚合酶链式反应）检测来确认流动测试结果的原因之一]。这是一个违背直觉的结果，贝叶斯定理有助于解释这一点。贝叶斯思维对疫苗试验也至关重要。

如今，贝叶斯定理在机器学习和人工智能中至关重要，它允许科学家根据新的证据评估某件事情为真的概率。它被称为"数据科学中最重要的公式"，并帮助科学家完成了从改善移动电话信号，到过滤垃圾邮件和预测天气等一系列的工作。在机器人领域，根据已经执行过的步骤，贝叶斯定理被用来计算机器人下一步行动的概率。

贝叶斯在世时，从未因这一定理而出名。时光流转到了21世纪，他的思想却开始流行。2020年，随着约翰·卡斯爵士与奴隶贸易的联系被曝光，原本以他名字命名的伦敦商学院被更名为"贝叶斯商学院"。

研究员：

约瑟夫·玛丽·查尔斯（被称为雅卡尔）

主题领域：

自动化

结论：

雅卡尔的打孔卡片永远改变了纺织工业，并启发了早期的计算机科学

机器可以接受命令吗？

可编程机器的黎明

在计算机先驱查尔斯·巴贝奇举办的一次派对上，他向惠灵顿公爵和维多利亚女王的丈夫阿尔伯特亲王展示了墙上的一幅画。公爵问这幅约瑟夫·玛丽·查尔斯（即雅卡尔）的肖像是不是一幅版画。阿尔伯特亲王（他曾见过另一幅同样的肖像）回答说："它不是版画。"

这幅肖像画是织出来的，正如巴贝奇所写的那样，它是"一张织好的丝绸，镶了框，上了釉，但看起来非常像一幅版画，以至于英国皇家艺术学院的两名成员都错将它当成了版画"。

这幅画像编有 24 000 行，全部由雅卡尔织布机的打孔卡精确控制完成。它是根据里昂艺术家克洛德·博纳丰的一幅雅卡尔画像设计而成的，旨在展示雅卡尔发明的自动可编程织布机具备的前所未闻的精度控制能力。

巴贝奇后来在他的分析引擎的设计中使用了类似的打孔卡，这比今天的数字计算机早了 1 个多世纪（见 43 页）。

编程图案

约瑟夫·玛丽·查尔斯出生于 1752 年，他被称为"雅卡尔"，以区别于同一家族的其他分支。他是一个纺织工人的儿子，经历过政府破产和法国大革命，并曾在大革命中为保卫家乡里昂而战。

在雅卡尔织布机发明之前，即使是最有经验的双人织工团队，每天也只能生产出 1 英寸（约 2.54 厘米）精细的织物。织工必须手动调整织布机上的 2 000 根线（这种设计自 2 世纪以

来基本没有变化），一个织工和一个"牵线员"一起工作，后者坐在织机内，根据织工的指示调整每一行的线。即使是最有经验的团队也无法每分钟完成两行以上的工作。雅卡尔的发明改变了全世界的纺织业。

拉屎鸭

雅卡尔并不是第一个尝试制造自动织布机的人。1741 年，雅克·德·沃康松被任命为法国丝绸厂的检查员，他发明了一种自动织机，将指令"储存"在一个金属圆筒里，类似于儿童音乐盒的工作原理。

值得一提的还有沃康松对自动装置的贡献，自动装置在 18 世纪的法国成为一种时尚。伏尔泰把沃康松描述为"普罗米修斯的对手"，他"在寻找生命的过程中似乎偷走了天火"。

最有趣的是，沃康松制作了一种机器鸭。它会嘎嘎叫，扇动翅膀，吃东西，还会拉屎。它有一个预先装载的废物罐，当它吃东西时，排泄物就会滑落出来。1738 年冬天，这位发明家在巴黎的一个大厅里展示了他的拉屎鸭，旁边还有两个人形的长笛手和风笛手。但是沃康松的织布机远没有他的鸭子那么成功。由于配套圆筒的生产成本太高，最终它不得不停产。

称心如意

然而，雅卡尔的织布机却不一样，它是由一组穿孔卡片和挂钩控制的。在卡片上的每一行穿孔对应一排线，钩子带着线穿过孔，形成图案。复杂的图案需要多组卡片。

雅卡尔的发明是慢慢实现的。他在1800年为一台织布机申请了专利，名称是"设计用来取代牵线员的机器"。到了1804年，这台织布机引起了拿破仑的注意。他给了雅卡尔一笔终身养老金，并且每卖出一台织布机还会额外给雅卡尔一笔酬金。

传说中，这之后雅卡尔被愤怒的织工们扔进了河里，因为他们害怕失去生计——假设雅卡尔的传记作者福尔蒂伯爵对他的生动描述是符合事实的，那么这件事似乎不太可能发生。在福尔蒂伯爵的笔下，"雅卡尔对工人们十分熟悉，和他们在一起，是他最快乐的时候。你会看到他穿着平常的衣服，在织工的工作室里指导织工们如何利用织布机，这才是他真正的样子"。

雅卡尔的织布机成为拿破仑与英国工业竞争的筹码，被禁止对英国出口。当然，有些织布机最终不可避免还是被偷运出了法国（藏在一桶水果里），随后成了世界各地丝绸工业的基础。

雅卡尔的打孔卡产生的影响更大。19世纪后期，美国人赫尔曼·霍勒瑞斯开始在他的"制表机"中使用这种打孔卡来记录人口普查数据。霍勒瑞斯的公司最终（通过一系列的合并）成为计算机巨头IBM，而打孔卡则成为IBM第一台计算机计算存储和分类数据的主要媒介。

到20世纪60年代末，美国每年会用掉5 000亿张打孔卡，耗费多达40万吨纸。甚至在20世纪90年代末，一些公司仍在使用打孔卡来处理工资数据等。

数学是如何找到它的引擎的？

巴贝奇、洛夫莱斯和计算机

数学家查尔斯·巴贝奇由于两台没能制造出的机器而闻名。他设计了两台设备，被广泛认为是当今世界上所有计算机的曾祖父母，分别叫作"差分机"和"分析机"。

1832年，在金融危机发生前不久，他仅仅完成了第一台机器"差分机"的一小部分，交付了计算设备的一个"美丽片段"。

但时至今日再评价巴贝奇，很明显他是一个有远见的人。他和合作者埃达·洛夫莱斯（诗人拜伦勋爵和数学家拜伦夫人的女儿）研究出一种算法，可以使用这台不存在的机器来计算伯努利数（一种数学序列）。这种算法被广泛认为是第一个计算机程序。

通过蒸汽进行计算

起初，巴贝奇专注于创造一台可以进行数学计算的机器。这位银行家的儿子出生于1791年，后来在剑桥大学教数学，在推动英国科学发展方面具有影响力。1821年，当巴贝奇和他的朋友——天文学家约翰·赫舍尔一起检查手写的数学表格时，他沮丧地发现了一个又一个错误。"我们开始了冗长乏味的核实过程，"他后来写道，"一段时间后，出现了许多不一致的地方。有一次，不一致的地方太多了，我绝望地叫道：'我希望这些计算是由蒸汽来执行的！'"

巴贝奇没有选择蒸汽动力，而是采用发条来驱动他的差分机。他使用了黄铜齿轮、连杆、小齿轮和棘轮。在机器内部，数字由10个齿的金属轮的位置来表示。

1832年

研究员：
查尔斯·巴贝奇和
埃达·洛夫莱斯
主题领域：
计算
结论：
设计（但从未制造）
一个像现代计算机
一样的设备

差分机被设计用来自动计算和表征被称为多项式的数学函数。巴贝奇与工具制造商兼绘图员约瑟夫·克莱门特合作，打算创造有一个房间那么大、预计重达4吨的巨大机器。当一个齿轮从9转到0时，它会使下一个齿轮带着数字向前移动一个位置。与现代计算机一样，它有存储器，在处理信息之前可以存储信息。

但是两人因为把克莱门特的工作室搬到巴贝奇家中的费用发生了争执，工作因此陷入了停滞。他们的部分资金来自英国政府拨款，英国财政部已经在差分机上花费了17 500英镑。最终，这笔资金被撤回了。

打孔卡的力量

在晚年，巴贝奇计划了一个更雄心勃勃的机器——分析机。它将由打孔卡控制，在许多方面类似于今天的计算机。它有一个存储器和一个中央处理器，还有输入和输出数据的方法。

"一旦有了分析机，它就必然会指导科学的未来进程，"他说，"无论何时，只要借助它来寻找结果，就会有人来问——是通过怎样的计算过程，机器竟然可以在这么短的时间内得到结果？"

作为同行的数学家埃达·洛夫莱斯写道："分析机的编织代数模式，就像雅卡尔织布机编织花和叶一样。"她还翻译了路易吉·梅纳布雷亚对巴贝奇著作的法文描述，其中自己的附录和注释几乎占了最终文本的三分之二。她于1843年以首字母A.A.L.为笔名发表了《泰勒科学回忆录》（*Taylor's Scientific Memoirs*）。在书的最后，洛夫莱斯详细解释了如何使用巴贝奇的机器计算伯努利数，包括设备的各个部分是如何合作做到这一点的，并指出这是一本"分析机能力的说明书"。

她还设想了计算机程序中的循环（程序重复一个动作直到达到某个条件），她把这比作"衔尾蛇"，并想象在未来巴贝奇的机器可以用于作曲。这在今天已经成为现实，作曲家使用软件来创作音乐，比如戴维·科普的那些莫扎特风格的作品。

"伟大希望破灭的无声见证"

巴贝奇在一生中发明了很多东西，包括火车上的排障器，那是一种安装在机车前部的犁形装置，用来帮助火车排除障碍物。他还是第一个意识到可以用树干上的年轮"解读"过去天气的人。他还坚定地认为，新的发明应该免费提供给公众。当他在1847年制造出第一副眼镜时，他拒绝为其申请专利。当然，在几年后，就有其他人申请了。

现代专家倾向于指出，巴贝奇从未制造任何计算机的原因是他缺乏专注。他们说当被一个新的想法笼罩时，他就会束手就擒，忘记自己应该做什么。还有人认为，巴贝奇因为没有合适的材料可用，因此他的机器难以生产。不管怎样，差分机的"美丽片段"代表了精密工程的一个飞跃。

刊登在《泰晤士报》上的巴贝奇的讣告带有明显的嘲讽口吻。"巴贝奇先生是一个非常诚实的人，刚把他需要更多资金的事实告诉政府，财政部的头头罗伯特·皮尔爵士和H.古尔本先生就惊慌起来，被摆在他们面前的数不清的开支吓坏了，决定放弃这项事业。"讣告接着描述了巴贝奇装置的几百页计划是如何设计的，旁边还刊登了巴贝奇成功制造的那台机器的部件。

100多年后，伦敦科学博物馆的专家们用巴贝奇所设想的技术，制造了一个真实版的差分机。正如巴贝奇描述的那样，这台5吨重的机器运转得非常完美。

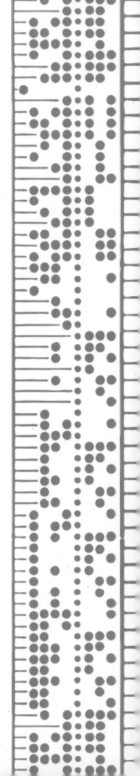

1871年

研究员:
理查德·马奇·霍

主题领域:
自动化

结论:
自动化为现代报纸
时代铺平了道路

机械化是如何改变出版业的?

霍照亮了报刊业

在19世纪初,印刷术仍然与1440年谷登堡印刷机发明时一样,将字母排在一个托盘里,在上面涂上墨水,再把纸压在上面。

约翰内斯·谷登堡的发明引发了一场出版革命,印刷机每天能印刷3 600页,这意味着到16世纪,有2亿本书被印刷出版。

谷登堡印刷机帮助催化了最初的"信息时代",即文艺复兴。但一项围绕速度和自动化的新技术将极大地增加美国和英国的报纸读者数量,为现代世界奠定基础。美国印刷业先驱理查德·马奇·霍是这一变革的核心人物,他发明了一种机器(被称作"卷筒纸印刷机"),将报纸的生产量提高到了一次能同时向数百万人提供信息所需的速度。

轮转印刷机

这种变化始于轮转印刷机的出现,由英国的报纸(如《泰晤士报》)领导,以弗里德里克·凯尼格和安德烈亚斯·鲍尔设计的机器为基础。当《泰晤士报》的老板约翰·瓦尔特在1814年首次使用弗里德里克·凯尼格的蒸汽驱动轮转印刷机时,他还故意对员工保密,因为担心会重蹈纺织业中勒德分子破坏机器的覆辙。那些工人因为害怕失去工作而攻击工厂并破坏机器。

1812年,英国议会将破坏机器的行为判定为死罪。当时的工厂主还建造了隐蔽的密室,以便在工厂遭到不满工人的袭击时保证人身安全。

为了避免这样的攻击，瓦尔特告诉员工，他是为了一个大新闻而买的印刷机，并秘密开印。因新技术而被解雇的员工在找到新工作之前可以领到全额工资。

第二天的报纸自豪地宣布："读到这段话的读者们现在手里拿的是《泰晤士报》成千上万张印版中的一张。这些印版全部是昨晚由一台机械设备印刷出来的。这就像是一个有机的机械系统，它免去了人类在印刷过程中最辛苦的劳动过程，并且在速度上远远超过了所有人的力量。"

几天后，凯尼格本人在《泰晤士报》上写道，他的新机器每小时可以印刷 800 页，并且描述了自己的机器是如何成功的，以及在以前的尝试中耗费了"数千英镑"的投资。

闪电战

美国虽然采用轮转印刷机的时间较晚，但很快就在快速发展和日益自动化的印刷业中占据了领先地位。生于 1812 年的理查德·马奇·霍继承了父亲的印刷业务，并在其基础上创造了自己的轮转印刷机，这也将彻底改变整个报业。

1847 年，霍获得了一项专利，他的"闪电印刷机"具有更快的印刷速度。印版被安装在一个旋转的圆筒上，被 4 个铁圆筒围绕，每个铁圆筒上都装着纸。这种设计使机器能够每小时印刷数千张纸，并可以添加更多的圆筒来创造更快的速度。

19 世纪的作家詹姆斯·麦凯布在《伟大的财富及它们是如何产生的》（*Great Fortunes and How They Were Made*）一书中写道："带有 10 个圆筒的印刷机的价格是 5 万美元，虽然这是一大笔钱，却物有所值。这是有史以来最有趣的发明之一。那些在这个大都市杂志社的地下印刷室里见过它工作的人，都无法忘记那奇妙的景象。"

报纸的时代

由蒸汽驱动的机器不仅为现有的报纸提供了大幅提高发行量的机会，而且还意味着新报社的诞生。理查德·霍的侄子罗伯特·霍写道："报纸印刷业发生了一场革命。以前由于无法提高印数而发行量受到限制的期刊迅速增加了发行量，许多新期刊也创刊了。新的印刷机不仅在美国被采用，而且这一流行趋势也蔓延到了英国。其他国家的第一台印刷机是在1848年使用的，在巴黎的《爱国者》（*La Patrie*）报社里。"

但是霍（随着他的发明在世界范围内被采用，他迅速成为富人）将印刷机进一步进行了改进，使它更接近今天的高速印刷机。他的"卷筒纸"印刷机推动了这一想法。它用一卷5英里（约8千米）长的纸张进行印刷，可以在短短几秒钟内印刷出成千上万份双面的纸张。

他的侄子描述了这台机器的操作过程："当纸张展开时，它首先经过一股蒸汽，使其坚硬的表面略微湿润和软化，不至于湿透或浸湿，使其适合接受压印。再经过一个印版滚筒，上面有32块弧形印版，由7个大滚筒上墨，单面印刷32页。然后，它通过一个反向圆筒，将纸的另一面对着另一个印版滚筒……整个过程很快（不到2秒），但很精确。"

纸张经过切纸刀切开，最终送出一份完全印刷好的折叠报纸。这台机器每小时可生产18 000份成品报纸，为全世界大规模的报纸流通时代铺平了道路。

谁制造了第一架无人机？

尼古拉·特斯拉的"远程机器"

从嗡嗡作响的玩具到能在战区上方数千英尺[1]高空飞行的致命武器（见128页），无人机似乎是21世纪特有的现象。

但奇怪的是，第一架"无人机"实际上是在19世纪末的纽约展出的（尽管当时除了它的发明者之外，没有人意识到它的商业潜力）。

塞尔维亚裔美国工程师尼古拉·特斯拉展示了他所描述的"远程机器人"，这是一艘3英尺（约91.5厘米）长的电池动力模型船，放在水箱中，通过无线电波控制前行。特斯拉出生于1856年，后来移居美国，那时他因为发明了交流电而过着优渥的生活，交流电也成为今天的主流电源系统。他在电力方面的创新成果是后来特斯拉汽车公司以他的名字命名的原因之一。

1898年，特斯拉申请的专利"控制移动船只或车辆的方法和装置"获得了通过。在这项专利中，他通过向机器提问，并让机器上的灯按正确的次数闪烁，以此来展示他对机器的控制能力。他后来说："当第一次展示时……它所引起的轰动是我的其他发明无法企及的。"他利用一个侧面有控制杆的小盒子向小船发送了信号。

研究员：

尼古拉·特斯拉

主题领域：

无线电控制的无人机

结论：

展示了无人驾驶的船只、飞机和汽车的潜力

1　1英尺=30.48厘米，1英寸=2.54厘米，1英里=1.609千米。单位换算基于原文，非精确数字。——编者注

机器里的猴子

　　在演示会上，人们认为他的这项技术非常离奇，以至于有几个人确信特斯拉在以某种方式作弊。有人认为他是用思想控制了船，还有人认为船里有一只小猴子，正根据他的命令操纵着船。

　　在这项专利中，特斯拉宣称他发明了"某些新改进的方法和装置，用于从远处控制移动物体，漂浮船只的推进引擎、转向装置和其他机械动作"，并说它可以应用于"船只、气球或马车"。

战争机器

　　特斯拉的演示发生在莱特兄弟实现动力飞行的5年前，他预言自己的发明将广泛应用于勘探，甚至是捕鲸。也许最具有前瞻性的是，考虑到无人机在当今战争中的广泛应用，他还相信无线遥控机器将形成一种致命的武器，从而终结所有战争。

　　特斯拉在他的专利申请中写道，基于他的"远程机器人"这一武器将是致命的，它将使各国完全放弃战争。他写道："这是最大的价值，由于它具有确定和无限的破坏力，将有助于实现和维持国家间的永久和平。"

　　特斯拉在这一点上非常有先见之明。在此后的几十年里，军事应用一直是驱动无人机技术发展的核心（见128页）。实验性的无线遥控飞机在第一次世界大战中并未占据主要地位，但是到越南战争时，监视无人机已成为战争的重要组成部分。许多自动驾驶汽车背后的专家都是在DARPA（美国国防部高级研究计划局）大挑战赛中崭露头角的。DARPA大挑战赛是美国军方设计的一项竞赛，目的是研发出能够在战场上帮助士兵的车辆（见140页）。

先知，而不是获利

特斯拉从未从他的发明中赚到钱：尽管公众对此很感兴趣，但他未能说服投资者相信他的"远程机器人"有任何实际价值，美国海军也没有对此表现出兴趣。

在特斯拉的这项发明问世后的几年里，其他发明家也陆续展示了自己的遥控设备成果。西班牙工程师莱昂纳多·托雷斯－克韦多于1905年在毕尔巴鄂附近1英里（约1.6千米）远的地方，在震惊的人群面前用他的"Telekino"操纵着一艘船。这通常被称为第一个遥控器。托雷斯－克韦多后来又发明了一种能够下棋的自动机器，这在许多方面开启了人工智能之旅。

这并不是特斯拉最后一次未能从他的创造中获利。这位工程师是个怪人，他还声称自己正在研究一种神秘的死亡射线，可以同时击落数千架飞机，一种靠宇宙射线行驶的汽车，以及一种可以拍摄人们思想的机器。

特斯拉的远见不止如此。在1926年的一次采访中，他以惊人的准确性预测了智能手机的革命。当无线技术得到完美应用时，整个地球将如同一个巨大的大脑。他说："我们将能够随时沟通，而不考虑距离。不仅如此，通过电视和电话，我们可以清楚地看到对方，听到对方的声音，就像面对面一样，尽管彼此之间相隔千里。与我们现在的电话相比，未来能够做到这一点的仪器将会非常简单。人们甚至可以把它放在背心口袋里。"

3. 现代机器人学的黎明

1900—1939 年

　　在 20 世纪上半叶，"robot"（机器人）和 "robotics"（机器人学）这两个词分别由捷克剧作家卡雷尔·恰佩克和满脸胡子且著作等身的科幻作家艾萨克·阿西莫夫发明出来。这两人对机器人有着截然不同的看法：恰佩克的剧本描绘了机器人消灭人类的噩梦般的未来；而阿西莫夫则想象了一个和平的未来，在他的"机器人三定律"的指导下，机器人与人类友好地共同生活。

　　随着机器人的概念在小说、戏剧和电影[如弗里

茨·朗的标志性作品《大都会》(*Metropolis*)]中扎根，
相关科学技术也在不断发展。第一批机器人被制造出来
代替部分人类工作，甚至有功能超前的机械臂，它们因
为太过于先进而在当时没有合适的工作。与此同时，一
位计算机先驱在战时柏林的废墟上研制了一种机器，这
台机器后来被盟军的炸弹摧毁，外界在第三帝国灭亡后
才知道它的存在。

研究员：
莱昂纳多·托雷斯－
克韦多
主题领域：
国际象棋AI
结论：
第一个电脑游戏（人
类无法战胜机器）

机器人对战人类？

第一台（无敌的）下棋机器人

如果让大多数人想象电脑游戏的黎明，我们可能会想到20世纪70年代玩街机游戏[如《太空入侵者》(Space Invaders)]的年轻人，或者在那之前几十年蜷缩在大型计算机主机前的科学家。但是，被称为第一台电脑游戏的机器在1914年就跟人类进行了较量。不仅如此，它还从未输过。

与之前的"下棋机器人"不同，由土木工程师莱昂纳多·托雷斯－克韦多设计的艾耶德雷西斯塔并不是一个骗子。它是这位"著机颇丰"的西班牙人设计的一系列机器中最新的一款，之前他就推出过求解代数方程的计算机。

克韦多于1852年出生在一个富裕家庭。在立志成为一名全职发明家之前，他曾游历欧洲各地。他的专利和发明包括缆索铁路、飞艇和缆车，还有通常被认为是世界上的第一个遥控装置，用于从地面控制气球。他写道，他想象这个装置可以用于许多不同的机械。克韦多的发明还包括尼亚加拉瀑布上的旋涡飞车，该飞车于1916年完工，至今仍在运行。

克韦多在一篇名为《自动装置，它的定义，应用和理论范围》(Automatics. Its Definition. Theoretical Extent of Its Applications)的文章中解释说，他制造国际象棋机器是为了证明自己的一个观点：机器可以在曾经只属于人类智能的领域替代人类。

机械人

在过去的几个世纪里，人们提出了各种据称能够下棋的"机器"，其中最著名的是沃尔夫冈·冯·肯佩伦在1770年为打动奥地利的玛丽亚·特蕾西亚皇后而展示的机械人。

这个木头做的机械人会跳起来，抓住棋子，下得出奇地有力，还战胜了几位人类棋手。当时的观众认为它可能是被邪灵控制，或者其实是一只会下棋的猴子。

事实上，它里面藏着一个人，用一种被称为受电弓的装置在棋盘下面下棋，这种装置后来在20世纪的机械臂领域中变得非常重要。

托雷斯－克韦多的机器没有这种诡计。他设计的机器是机电式的，可以对下一步走什么棋做出简单的"决定"。它只下了一个简单的国际象棋残局，国王和车对抗玩家的国王。它并不总是走最好的一步，有时候游戏会持续超过50个来回，但最终它总是会将对手将死。

这台机器没有目的

艾耶德雷西斯塔标志着人类向人工智能迈出了第一步，是第一台遵循有明确最终目标（被称为"启发式"）的机器。这种技术现在被用来帮助人工智能算法寻找答案。这台机器遵循一套有条件的规则，这意味着它总是能够获胜。托雷斯－克韦多在接受采访时说："这台机器没有实际用途，但它支持了我的论文：创造一个自动机器是有可能的，它的行动取决于特定的条件，并服从特定的规则，这些规则可以在自动机生产过程中被编程。"

《科学美国人》以兴奋之情报道了这台机器，称托雷斯－克韦多"将用机器代替人类思维"。该杂志描述了艾耶德雷西斯塔如何检测到违反规则的动作，并在其底座上点亮灯以示抗议。如果有3盏灯亮起，游戏就结束了。"新奇之处在于，这

台机器会审视整个局面，选择下某一步棋，而不是另一步。当然，没有人认为它会思考或完成需要思考的事情，但它的发明者声称……机器人可以做一些通常被归类为思考的事情。"

自动机器的理论

1920年，托雷斯-克韦多在第一台机器的基础上进行了改进，制造了第二个版本的"艾耶德雷西斯塔"。在这个版本中，不是由机械臂在一个看起来像电子的棋盘上移动电子插孔，而是利用下方的电磁铁进行引导，看起来就像棋子在棋盘上"自动移动"。

它还配有声音（以附加在机器上的留声机的形式）。当机器将军时，它会宣布"Check"（将）；当游戏结束时，它会宣布"Mate"（将死）。

1920年，托雷斯-克韦多还向巴黎的观众展示了一种可以通过打字机输入求和的算术仪。这台机器使用一个带有电磁、开关和滑轮的机电装置来计算数学公式的结果。这台机器将通过另一台打字机输出它的答案。两台打字机是通过电缆连接的，所以理论上，它们可能被放置在不同的地方。这一创新预示了整个20世纪计算机的使用趋势。

要使用这台机器，操作人员需要输入，例如，5，然后是7（代表57），然后是空格键，然后是乘法键，然后是4，然后是3。然后在输出打字机输出一个等号，得到答案"2451"。输入打字机接着再输入一行，准备进行另一次计算。

尽管这台机器在商业上有明显的应用潜力，但托雷斯－克韦多并没有将其商业化生产的计划。

在他的著作中，托雷斯－克韦多表达了他对查尔斯·巴贝奇的钦佩，并提出了一个与我们今天看到的机器人没有什么不同的愿景。"机器理论的一个特殊章节，叫作自动化。应该研究如何构建具备复杂行为模式的自动机器。"他写道，"这些自动机器将有感觉器官，即温度计、磁罗盘、动力计、压力计等，这些机制可以感知对自动机器运行有影响的条件。"

要再过70年，机器才可以下一盘完整的国际象棋（而不是机器棋手处于不可战胜地位的残局），并击败世界上最好的棋手（见119页）。如今，艾耶德雷西斯塔被放在马德里理工大学的托雷斯－克韦多工程博物馆中展出。

"机器人"是什么意思？

卡雷尔·恰佩克的戏剧是
如何发明"机器人"这个词的？

研究员：
卡雷尔·恰佩克
主题领域：
机器人学
结论：
诞生这个词的戏剧
在其他方面也很有
远见

"机器人"一词并非起源于科学，而是来自科幻小说的创作，就像"原子弹"一词是由作家H.G.韦尔斯创造的短语。捷克剧作家卡雷尔·恰佩克说，他是在向画家哥哥约瑟夫解释自己正在写的一部戏剧的情节后，决定使用"机器人"这个词。

恰佩克的科幻剧《罗素姆万能机器人》（*R.U.R.*，*Rossum's Universal Robots*）的情节对于任何看过该剧问世后一个世纪内发行的好莱坞科幻电影的人来说都非常熟悉：一位天才科学家取得了技术上的重大突破，使他能够创造成千上万的合成奴隶，这些奴隶反抗它们的主人并最终消灭了整个人类。

当卡雷尔解释他的剧情时，约瑟夫说："叫它们roboti。""Roboti"是捷克语，意思是工人或农奴。恰佩克之前考虑过"labori"，但这个词过于书生气，显得有些呆板，于是他欣然接受了约瑟夫的建议。"Roboti"被保留了下来，而"罗素姆"（Rossum）是制造机器人的工厂老板的名字，在捷克语中听起来像"理由"（reason）。

该剧于1921年在当时的捷克斯洛伐克布拉格的国家大剧院首演。这部剧不仅在捷克获得了成功，而且在全世界都收获了良好的反响，在20世纪20年代风靡了整个欧洲。之后的10年里，美国电台和英国广播公司电视台分别又拍了一个版本。

当然，不是每个人都喜欢这出戏。科幻作家艾萨克·阿西莫夫写了几十部关于机器人的小说，并设计了"机器人三大定律"（见72页），他说："在我看来，恰佩克的这部剧非常糟糕，但它却因为'roboti'而不朽。"阿西莫夫对机器人的看法是非常乐观的，而恰佩克则不然。恰佩克的这部科幻剧集影响了后来大量的科幻小说，从总是死灰复燃的冷酷《终结者》，到《银翼杀手》中反抗人类统治的仿生人。

合成的仆人

在恰佩克的剧作中，机器人是由经过设计的化学肉体而非金属制成的，在一个巨大的工厂中以千为单位批量制造，外观看起来和人类一模一样，却是人类的奴隶。其中一类机器人用于从事体力劳动，并且产量巨大。

在剧中，工厂经理哈里·多明说，体力劳动的机器人"像小型拖拉机一样强大。为了让它们成为优秀的工人，这些机器只有有限的智力，还被故意剥夺了创造力和产生情感的能力"。罗素姆提出肢解一个人形秘书机器人，以证明它不是"真人"。

这部剧不仅创造了"机器人"这个词，还创造了"人造人"的概念，而当时还没有与之匹配的科学技术可以制造出与人类相差无几的机器。恰佩克并没有设想用一种特定的技术创造机器人，而是讲述了一个关于技术和人类贪婪的危险寓言。

这部剧引入了许多主导我们对机器人和人工智能形象的常见主题，尤其是将机器人视为威胁的想法。

机器人的崛起

在戏剧的最后，机器人解释了他们消灭人类的理由。当人类的最后一个幸存者问他们为什么要杀死所有的人类时，其中一个机器人回答说："我们想要像人一样，我们想成为真正的人。"——这个结局的灵感来自人类自身的卑劣行为。

机器人能自己开车吗？

1925年

研究员：

弗朗西斯·P.胡迪尼

主题领域：

自动驾驶汽车

结论：

"幻影汽车"在20世纪20年代走上了街头

胡迪尼的"美国奇迹"是如何激发自动驾驶汽车的

第一批无人驾驶汽车并不是被称为"自动驾驶"或者"无人驾驶"，而是被称为"幻影汽车"。在无人驾驶汽车技术成为商业现实的近1个世纪之前，这些汽车就出现了，被用来作为教育人们道路安全的模型。考虑到这些"幻影汽车"本身的不安全性，这是非常讽刺的。

20世纪20年代后，"幻影汽车"开始出现在街头，它们采用遥控控制，使人们可以从另一辆车通过无线电进行驾驶（甚至还有人尝试过从头顶飞过的飞机上进行驾驶）。

其中一辆被称为"美国奇迹"的胡迪尼汽车，1925年在纽约首次亮相时就引起了巨大的轰动（更不用说发生了车祸事件）。当时离健康和安全法规出台还有很长一段时间，新发明的自动驾驶汽车就被搬上了人山人海的繁忙街道。

"那人没碰方向盘"

"幻影汽车"之前也有过自动驾驶汽车的演示，包括莱昂纳多·托雷斯－克韦多在1904年展示的遥控三轮车，但"幻影汽车"不同，这是一辆全尺寸的量产车，可以在没有任何人掌控的情况下行驶在繁忙的城市街道上。

《时代》杂志写道："在曼哈顿，一辆无人的游览车靠在百老汇的路边。一名男子上去松下踏板，但没碰方向盘。随后，行人目瞪口呆地听到这辆自动驾驶的汽车启动发动机，换挡，从路边驶入了繁忙的车流。"

这辆车由弗朗西斯·P.胡迪尼操作，据说这是两名年轻工程师使用的化名。它吸引了许多人，但并非一切都完全按计划进行。在紧随其后的另一辆车里，胡迪尼公司的约翰·亚历山大向第一辆车的接收器发送了一个信号，但由于第一辆车的外壳松动，连接在轴上的驱动装置失灵了。事情走向了令人担忧的局面。

《纽约时报》写道："这辆车从左向右疾驰，沿着百老汇大道绕过哥伦布环岛，向南到达第五大道，几乎撞倒了两辆卡车和一辆牛奶车，为了安全起见，其他车只好停在路边。到了第47街，胡迪尼上去猛地抓住方向盘，但无法阻止它最终撞上了载着记录这一事件的摄影师的汽车。"警察恳求胡迪尼停止他的实验，但他还是把车重新开回了百老汇和中央公园路。

这辆车的装置相当简单：一辆钱德勒轿车，上面装有无线电天线和小型电动机，用于控制车辆的速度和转向，由一组紧跟在车辆后面的工程师"驾驶"。

风筝状的无线电天线是一个"接收器"，用于接收工程师的指令。这辆车还在转向柱上安装了某种形式的皮带，以及启动、加速和刹车的装置，不过尚不清楚工程师们是否也能够控制离合器和换挡。

无处可逃

胡迪尼的车还引起了魔术师和逃生艺术家哈里·霍迪尼的注意。他被胡迪尼（Houdina）和自己（Houdini）的名字如此相似激怒了，于是直接闯入了胡迪尼公司的办公室。霍迪尼在他们的办公室里发现了一个寄给"霍迪尼"的包裹，于是勃然大怒。《纽约时报》报道："他从一个包装箱上撕下一个标签，因为上面写着'霍迪尼'……当被要求归还时，他拒绝了。当工作人员试图阻止他离开房间时，霍迪尼抓起一把椅子打破了一盏吊灯。"

该公司否认"胡迪尼"这个名字是为了冒充霍迪尼。"手铐之王"霍迪尼被控妨害治安罪，但由于胡迪尼的一名经理未能出庭，此案最终不了了之。

安全第一

胡迪尼的发明引发了一波"幻影汽车"的热潮。这些汽车被用在美国的广告和演示活动中。有些是通过无线电遥控，有些是通过汽车之间的有线连接，还有一次是从一架低空飞行的飞机上控制一辆汽车在街上掉头。

颇为讽刺的是，鉴于胡迪尼首次测试的结果，"幻影汽车"开创了道路安全运动。20世纪20年代的街道比如今要危险得多（由于缺乏驾驶培训和道路安全措施），"幻影汽车"激励着人们关注道路安全和路上同行车辆。

1937年，幻影音响操作员J.J.林奇在北卡罗来纳州接受《每日时报：伯灵顿新闻》采访时说："常规的安全讲座没人爱听，特别是当你指出司机缺点时。但当你用'幻影汽车'做示范再谈论安全问题时，他们就会听你的了。"

从宣传到实用

之后几十年，人们对自动驾驶汽车仍保持着兴趣。在1939年的世界博览会上，通用汽车与设计师诺曼·贝尔·格迪斯合作，展示了未来汽车在"自动无线电控制"下行驶在宽阔的高速公路上。1963年，英国一辆雪铁龙以高达130千米/时的速度飞驰，保守党政治家黑尔什姆勋爵坐在车里，没握方向盘，在一条特殊测试轨道的电线引导下行驶。

但无人驾驶技术的实际安全应用还需要近半个世纪，在加州沙漠中举行的无人驾驶竞赛——DARPA大挑战赛（见140页）引发了一场技术淘金热。

机器人能对指令做出反应吗？

赫伯特·泰勒沃克斯是如何完成人类的工作的？

1927 年

研究员：
罗伊·J.温斯利
主题领域：
人形机器人
结论：
第一个可以执行任务的人形机器人

在20世纪20年代，一些"机械人"以其金属的身体结构和未来主义的外观设计让世界各地的观众眼花缭乱。它们中大多数都是简单的自动装置，就像前几个世纪的自动装置一样，通过诡计蒙蔽人们的双眼（见12页），但加入了一些20世纪的技术，比如电力和压缩空气。

但有一个例外，即西屋公司在1927年展示的泰勒沃克斯。它可以执行指令完成工作，这比人形机器真正可以像人一样行走早了70多年（见125页的阿西莫）。

这个人形机器人的全名叫赫伯特·泰勒沃克斯，它能够通过电话接收音频指令，并启动机器进行响应。它看起来很像一个装满电机的盒子，上面挂着人形剪影（事实上，观众能看到的主要就是人形部分）。

在赫伯特·泰勒沃克斯的全球发布会上，它的创造者透露，他们在公司的实验室里造了一扇门，可以对"芝麻开门！"这句话做出反应。但他说通过电话系统使用语音识别太不可靠，所以赫伯特·泰勒沃克斯只通过电话系统发送的嗡嗡声和鸣叫声进行交流。这些围绕泰勒沃克斯的热点都是西屋公司的营销天才罗伊·J.温斯利想出的妙招。

机器能够思考吗？

《大众科学月刊》（*Popular Science Monthly*）上刊登了一篇扣人心弦的社论，题为《会思考的机器》（*Machines That Think*）。文章洋洋洒洒地描述了泰勒沃克斯的能力，"这个电气人可以接电话、做家务、操作机器和解决数学问题"。《曼彻斯特卫报》(*The Manchester Guardian*) 的观点则稍微务实一些，它刊登的文章标题是《用电话启动烤箱》(*Starting the Oven by Phone*)。

在纽约的一次演示中，温斯利展示了赫伯特·泰勒沃克斯对信号（用音叉产生）的反应，并按下相应的开关。《大众科学月刊》的赫伯特·鲍威尔写道："这个机械人没有通过电线与电话相连，而是如同你我一样'听'着。它的耳朵是一个靠近接收器的敏感麦克风。它的声音来自靠近发射器的扩音器。它所说的语言是一系列机械操作的信号嘟嘟声。"

当时，西屋公司正在开拓关于如何减少偏远变电站的工作人员数量的新思路，而赫伯特·泰勒沃克斯是西屋公司制造的一系列越来越完善的机器人中的第一个。

完美音调

变电站中的泰勒沃克斯机器人可以接收一定音调的命令（由音叉振荡器产生），处理代码并通过（例如）打开开关做出反应。

这台机器人会与指挥中心的另一台泰勒沃克斯进行通信，发出编码声，表明命令已经执行。

西屋电气还展示了该系统如何通过与连接到水位表的泰勒沃克斯通信，以检查水库的水位。它会发出一定数量的嘟嘟声来指示水位的高低。1927年，该仪器在纽约投入使用。

《曼彻斯特卫报》写道："温斯利解释这个系统的工作原理时表示，它发出的嘟嘟声信号由靠近电话发射机的扬声器发出，声音通过电话传到对讲机，再由一个灵敏的麦克风从对讲机的接收器接收。当铃声响起时，一个对声音敏感的继电器会提起电话钩，启动电台信号蜂鸣器，让整个设备准备就绪。"

围绕泰勒沃克斯的许多炒作是相当浮夸的，其实该装置从未做过家务（尽管理论上可以操作），也不擅长数学计算。但温斯利决定让它看起来像一个人（并在广告和新闻发布会上把它装扮成人的样子），这些操作使得泰勒沃克斯在美国和欧洲都引起了轰动。

一个非常聪明的大脑

泰勒沃克斯是西屋电气公司制造的一系列机器人中的第一个，而最后一个则是叫作伊莱克斯的语音控制机器人。它在1939年的世界博览会上自我介绍时说："女士们，先生们，我很高兴讲述我的故事。我很聪明，因为我有一个包含48个继电器的大脑。"

在西屋分馆，机器人站在一个高于观众的平台上，甚至还能"走路"（尽管呈现出来的是一种奇怪的滑动动作）。伊莱克斯使用唱机模拟对话，拥有700个单词的"词汇量"，还会抽烟和吹气球。第二年，它再次出现，还带着一只属于自己的金属狗斯巴克。伊莱克斯的开发成本高达数十万美元，它的巡回演出吸引了数百万人观看。

当时，它并没有被标榜为"机器人"，因为当时这个词还没有像今天这么流行。相反，他被称为"莫托曼"（Moto-man）。伊莱克斯的故事有一个意想不到的尾声，在退休多年之后，它被征召在1960年的喜剧电影《性感小猫上大学》（*Sex Kittens Go to College*）中扮演机器人Thinko这一角色。

现如今，赫伯特·泰勒沃克斯和伊莱克斯在美国俄亥俄州的曼斯菲尔德博物馆被陈列展出。

1928 年

研究员：
弗里茨·朗

主题领域：
小说中的机器人

结论：
"Maschinenmensch"启发了小说和现实中机器人的外观构思

"人形机器"应该是什么样子的?

从电影到真实

很少有电影服装能像弗里茨·朗在 1927 年拍摄的默片杰作《大都会》中那个奇怪的金属女人那样具有标志性，它被称为"Maschinenmensch"（人形机器人）。在一个标志性的场景中，这个"人形机器人"坐在像王座一样的座位上，周围被灯光环绕。它拥有一副金属制成的女性身体，戴着一张令人不安的无表情金属面具，一些金属条围绕在周围，使它看起来像一个工业机器。

这个造物的身体外观具有明显的女性特征，它的动作急促、夸张，像机器一样——这一设计对后来小说（和现实）中的机器人产生了深远影响，引发了关于科技性别化这一重要问题的思考。

这套服装（在拍摄过程中丢失了）是由设计师沃尔特·舒尔策－米滕多夫制作的，灵感部分来自1922年在埃及帝王谷出土的少年法老图坦卡蒙的面具。

这套机器人服装是以女演员布里吉塔·黑尔姆的石膏模型为基础制作的，她同时扮演了人形机器人和她的人类替身——纯洁、受压迫的工人玛丽亚。它使用了舒尔策－米滕多夫所说的"塑料木材"，一种柔韧的工业木质材料，暴露在空气中会快速硬化，可以像天然生长的木材一样使用。

面具背后

最终，人形机器人呈现出来的是一张苍白的金属面庞，四肢连接着长板，一副似人非人的模样。在这个造物第一次出现的场景中，她的造物者——那个疯狂科学家正为自己将金属作品变成了一个真正的女人而欣喜若狂。女演员布里吉塔·黑尔姆在整部电影的场景中都穿着这种服装（追求完美的导演朗拍摄了数百小时的镜头）。

黑尔姆的母亲把她女儿的照片寄给了导演弗里茨·朗的妻子特亚·冯·哈尔博（小说《大都会》的作者），于是弗里茨·朗让这个当时名不见经传的女演员在电影中担任女主角，她参加试镜时才16岁。

黑尔姆扮演了玛丽亚和模仿她的性感机器人。她所穿的服装僵硬且不舒服，整个过程都只能站着拍摄。这使得在拍摄结束后，她浑身都是伤口和瘀青。

有一次，黑尔姆在一场耗时9天的艰苦拍摄中询问导演为什么不能让替身代替她，她的脸都没有出现在镜头中。朗说："我必须感觉到你在机器人里面，即使我的眼睛看不到你，我的心也要能看到你。"

"人形机器人"的形象启发了后来的电影机器人，包括《星球大战》中的C-3PO，它在外观上很大程度借鉴了朗的机器人，而C-3PO又启发了像辛西娅·布雷西亚这样的机器人专家创造出与人类互动的"社交机器人"。朗在电影中虚构的机器人外形也启发了真实机器人的设计者。索尼标志性的爱宝狗（见124页）的造型设计师空山基在2019年展示了一件受"人形机器人"启发的巨型雕塑。

致命的弱点

朗的这部电影已经成为黑白电影时代的标志性作品之一，但它最初是一部失败之作，几乎让制作它的德国电影公司UFA破产。在当时，这是有史以来最昂贵的电影，预算约为700万德国马克。电影一上映就成了一场灾难，受到评论家和公众的贬斥。《纽约时报》称这部电影是"有致命弱点的技术奇迹"。

《大都会》描绘的是2006年，统治阶级居住在摩天大楼的顶层，而工人阶级则在大楼里像奴隶一样辛勤劳作。"人形机器人"是由科学家罗特旺在专制统治者的要求下设计并制造的。这个机器人开始变成一个叫作玛利亚的真正的女人（电影设定是因为科技变成了人，但实际上很可能是由于预算有限），并试图在荒凉的未来城市的工人中挑拨离间。

玛丽亚对工人们说："谁是大都会机器的活粮？谁用自己的血来润滑机器的关节？谁用自己的肉体喂养机器？让机器饿死吧，你们这些傻瓜！让它们死吧！"玛丽亚的邪恶行为导致它被烧死在火刑柱上，恢复了原本的金属形态。

女性机器

就像许多小说中的机器人一样，"玛利亚"是一个令人不安和恐惧的角色。它非常性感，预示着其他虚构（和真实）的机器人和人工智能助手存在的问题。许多受"人形机器人"启发的女性机器人（机娘）都非常性感，并被描绘成由男性创造且为他们服务。

后来，像《银翼杀手》中的机器人性工作者普瑞斯（她叛变了，不得不被暴力"退休"）和1975年的电影《复制娇妻》（根据艾拉·莱文的讽刺小说改编，讲述成功男性制造出顺从的妻子）中顺从的女性机器人都是用于性和奴隶服务的。这引发了令人不安的问题，包括为什么这么多真正的"仆人"机器人都是女性。即使是现在，Alexa 和 Siri 等"语音助手"的默认声音往往也是女性。

随着纳粹党上台，朗流亡到美国，而冯·哈尔博则为纳粹党拍摄电影，在战争结束时被英国当局拘留。拍完这部电影后，布里吉塔·黑尔姆继续在UFA公司工作并获得了成功，但拒绝与朗再次合作。

波拉德的专利有什么用？

为什么"位置控制装置"为机械臂铺平了道路？

在小说中，机器人往往看起来都很像人类，但在实际工作场所，机器人的外观跟人形相差甚远。无论是辅助医生进行手术的机器臂还是装在小车上的拆弹臂，抑或是航天飞机上能够捕捉卫星并为宇航员定位的著名 Canadarm，采用的都是机械臂的形式。

机械臂的设计第一次出现，实际上是在第二次世界大战之前（尽管这一想法的商业潜力真正被实现还需要一段时间）。

1938年，美国工程师威拉德·波拉德申请了一项名为"位置控制装置"（机械臂）的专利。他希望这台机器能应用于美国的汽车工业，实现喷漆过程的自动化。

在20世纪上半叶，美国在世界汽车工业中处于领先地位，这在很大程度上归功于将从前由手工完成的流程进行了简化和自动化。

当亨利·福特安装了第一条用于大规模生产汽车的移动装配线时，制造一辆汽车的时间从12个多小时（由一组人共同完成一辆车的时间）缩短到只需不到2小时。车辆的制造被放在生产线上移动，由不同的工人小组共同完成。这种效率的提升导致成本降低。对汽车价格的连锁反应使福特的T型车在汽车行业迅速占据主导地位，在接下来的10年里卖出了1 000万辆。

波拉德提出的创新是合乎逻辑的下一个步骤：一个自动化的、可编程的手臂，它可以取代其中给汽车喷漆这一环节。在1934年和1938年，它获得了两项相关专利：一项是汽车喷涂自动控制系统，另一项是机械臂本身。关于机械臂的专利上写

研究员：
威拉德·波拉德
主题领域：
机器人手臂
结论：
用"受电弓"设计创造了一个喷漆机器人

道："本发明涉及位置控制装置。更具体地说，它涉及一种用于控制喷枪的运动和定位的装置，用于控制喷枪相对于要涂覆的曲面或不规则表面的运动，如汽车车身或类似的物体。"

孤注一掷

波拉德的发明并不是无中生有的幻想。他在专利中描述的机器是一种受电弓，类似于用来复制多份文字的设备，通过将一支笔与另一支笔（或几支笔）连接到由一系列关节组装成的"手臂"上完成。

受电弓最初是由古希腊哲学家和数学家亚历山大港的希罗（他本人是一个熟练的机器人制造者和设计师，见12页）描述的。

受电弓也曾被用在臭名昭著的假机器人"机械特克"上。那是一个骗人的机械棋手，在18世纪晚期问世，并欺骗了观众。所谓"自动化"的机械特克移动它的机械手臂在棋盘上落子，其实是隐藏在体内的人类棋手移动受电弓做的回应。

机器中的人

但波拉德的机械臂并非骗人的小把戏，它不需要人进入机器内部，甚至根本不需要任何人类控制。手臂有"5个自由度"，指的是它可以用不同的方式移动，如滚动、倾斜（向上或向下）和平移（向左或向右）。

它最实用的功能是可以被重新编程以绘制不同的图案，通过更换指示条，甚至可以为装配线的不同部分安装不同的工具。

这种机器使用气缸来控制它的位置，而且是"可编程的"

（从最基本的意义上讲），所以它可以从一项工作快速切换到另一项工作。波拉德写道："如果想要给一辆'双门跑车'喷漆，就可以选择'43'号指令，这条指令适配这个型号。如果是'轿车'，就可以选择另一条指令。"

拥有手臂的权利

波拉德的想法是超前的。这种机械臂从未大规模生产，尽管有人认为戴维比斯油漆公司可能在20世纪40年代早期根据波拉德的设计或哈罗德·罗斯隆德的"通过预定路径移动喷枪或其他设备的方法"的相关专利，制造了一个机器人手臂的原型。

迈克尔·莫兰在他的文章《机械臂的进化》（*Evolution of Robotic Arms*）中写道："现代机器人时代是由这两种在20世纪30年代末开发出来的、鲜为人知的机械臂的大胆使用而开启的。"莫兰在谈到波拉德时写道："他的设计和对自动化机械臂工业应用的探索将激发其他人的创造力。"

第二次世界大战的到来见证了传感器和计算技术的飞跃，并向"智能"控制机器的系统发展。又过了20年，波拉德的机器人进入美国汽车工厂的梦想才成为现实，Unimate机械臂的发明改变了世界（见93页）。

$q_1 S_0 S_1 R q_2; \; q_2 S_0 S_0 R q_3; \; q_3 S_0 S_2 R q_4;$

4. 培养智能

1940—1969 年

20世纪下半叶，第二次世界大战催生出的技术推动了人工智能和计算的新兴领域，战争末期制造的埃尼阿克等高度机密的机器让人们得以一窥可编程通用计算机的能力。

另一种思路也开始变得热门，战时英国的计算先驱艾伦·图灵提出了一种测试，可以确定机器是否真正具有智能。1956年在美国新罕布什尔州达特茅斯的一次会议上，与会代表们创造了"人工智能"

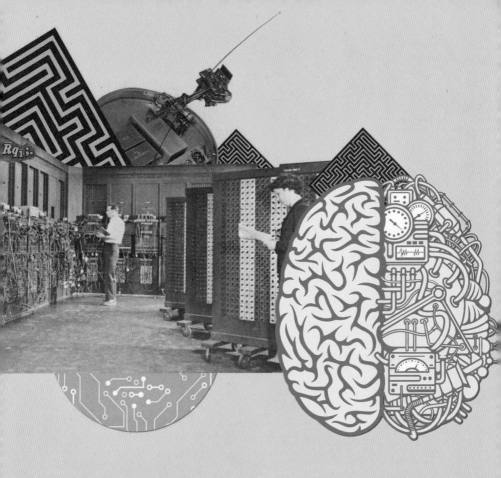

（Artificial Intelligence，AI）一词，并对真正的机器智能何时到来提出了一些非常乐观的想法。

当人工智能研究正走向被描述为"人工智能冬天"的瓶颈时期，一些有趣的机器人正在全球各地的实验室中被制造出来，其中一个被恰如其分地命名为"沙基"的机器人能够靠自己的能力穿越迷宫，它激励了世界各地的人，包括年轻的比尔·盖茨。

机器人能凌驾于法律之上吗?

研究员:

艾萨克·阿西莫夫

主题领域:

机器人行为

结论:

创造了确保机器人不伤害人类的"定律"

阿西莫夫的"机器人定律"
如何帮助我们想象一个人－机社会?

"机器人"(robotics)一词是由高产的科幻小说作家艾萨克·阿西莫夫创造的。他说他完全没有意识到自己创造了一个新词,他认为在20世纪40年代初提出这个词之前,这个词仿佛就已经在世界的某些地方存在了。

阿西莫夫的"机器人三大定律"出自他的机器人科幻小说,是阿西莫夫最著名的构想之一,即使在今天也是一个严肃辩论的主题。

"机器人三大定律"是三条简单的规则,旨在确保机器人忠诚地服务人类(而不会背叛它们的主人)。

三大定律具体的内容是:

——机器人不能伤害人类,也不能坐视人类受到伤害;

——机器人必须服从人类给它的命令,除非这些命令与第一定律相冲突;

——机器人必须在不违反第一或第二定律的前提下保护自己的存在。

在阿西莫夫后来的小说中,他增加了第四条定律(他称之为"第零定律"):"机器人不可以伤害人类的整体利益,也不可以在人类整体利益遭遇危险时袖手旁观。"

阿西莫夫一生写了大量的著作(包括以他自己为主角的侦探小说和莎士比亚作品的指南),他说自己每天早上7点半开始写作,到晚上10点才会停下来。

他以两腮留着显眼的胡须而闻名,声称自己只会修改一次作品,以保持他著名的疯狂创作速度。

他说："我没有努力去写诗，也没有努力去写高级的文学风格。我只打算写得清楚些，而且我很幸运，能想得很清楚，所以写出来的东西就像我想的那样，我对我的作品非常满意。"

一个有影响力的例子

本书中提到的许多机器人专家都表示他们曾或多或少地受到阿西莫夫小说的启发，从第一条工业机械臂的创造者乔治·德沃尔和约瑟夫·恩格尔伯格（见93页）到Cyberdyne的首席执行官山海嘉之（见143页），其他著名的阿西莫夫粉丝还包括亚马逊的杰夫·贝佐斯。

阿西莫夫的"机器人"系列共包含了37部小说和短篇故事，想象了一个在三大定律指导下，乐于助人的"正子人"与人类共存的未来。他的第一批机器人故事在20世纪40年代发表在杂志上，并于1950年被编入《我，机器人》（ I, Robot ）。

阿西莫夫的机器人不同于卡雷尔·恰佩克的戏剧《罗素姆万能机器人》中反抗人类的无情机器，它们都很仁慈，形式包括儿童机器人保姆罗比和坚定的机器人警察。

在短篇小说《罗比》（ Robbie ）中，乔治·韦斯顿在他的妻子意图想要摆脱他们的机器人保姆（因为孩子已经变得太依赖它）后提出抗议。他说："机器人比人类保姆更值得信任。罗比被造出来的真正目的只有一个——做小孩子的伴侣。它的整颗心都是为了这个目的而创造的。它就是忍不住要忠诚、爱护和善良……比人类具备更多的优点。"

尽管在阿西莫夫的小说中，似乎有绕过定律的方法（例如通过说服机器人做某事而不让它知道自己将伤害某人），但在过去的几十年里，这套"定律"引发了许多关于如何管理机器人的严肃讨论。2004年，威尔·史密斯根据阿西莫夫的小说《我，机器人》改编的电影中的标语很简单："规则就是用来打破的。"影片的情节就涉及了机器人犯下谋杀罪。

唯一律

阿西莫夫定律仍然是许多机器人和人工智能伦理讨论的基点。但多年来，机器人专家指出了这些定律的各种问题，包括定律中允许机器人故意伤害其他机器人。

在英国，工程与物理科学研究委员会试图为机器人制定改进的定律，并指出，"阿西莫夫的定律是存在于虚构的世界。它们不是为在现实生活中使用而编写的，而且这样做也不切实际，尤其是因为它们在实践中根本不起作用。例如，机器人如何知道人类受到伤害的所有可能方式？即使是人也会对有些指令的含义感到困惑，那么机器人怎么能正确理解并服从所有的人类命令呢？"

基于现实需求提议的"新定律"包括禁止设计用于杀人的机器人（许多活动人士认为这是一个日益严重的威胁，见128页）。

另一项被提议的定律要求机器人的设计者和制造者对他们所创造的机器人的行为负责。定律规定："人类，而不是机器人，才是责任人的主体。机器人的设计和操作应该符合现行法律，包括隐私保护。"

女性如何帮助埃尼阿克？

勤奋思考的机器

当体积相当于房间大小的埃尼阿克（电子数值积分器和计算器）在1955年"退役"时，据估计，它在长达10年的工作生涯中完成的计算量比整个人类在此之前完成的总和还要高。这台重24吨、占地167平方米（1 800平方英尺）的机器由真空管和二极管组成，于1943年开始建造，服役于第二次世界大战期间。

弹道计算

埃尼阿克是科学家约翰·莫奇利提议的结果，他提出建造一个基于真空管的机器的想法，以加快美国军方的计算能力。这使其成为第一台可编程的通用电子数字计算机。

建造埃尼阿克的初衷是为了解决创建射表的问题，用于计算在标准条件下的火炮轨迹。在战争期间，美国军方需要大量这样的射表来开发新武器。

最初，弹道是用机械计算器手动计算的，1个60秒的弹道可能需要耗费20小时才能得出结果。事实证明，这种方法非常耗时，以至于美国陆军弹道研究实验室一度有100多名女学生专门从事弹道研究工作。

相比之下，埃尼阿克可以在30秒内完成同样的弹道计算。它每秒可以做5 000次加法运算，或者对两个10位数进行360次乘法运算。它甚至还设置了除法和平方根。埃尼阿克是当时建造的最复杂的电子系统，由17 000个真空管、70 000个电阻和1 500个机械继电器组成。它坐落在美国宾夕法尼亚大学一个15米乘以9米（即50英尺乘以30英尺）的地下室里，运

1944 年

研究员：
约翰·莫奇利、弗朗西斯·霍伯顿
主题领域：
数字计算
结论：
计算机可以在许多任务的完成度上超过人类

行时可产生174千瓦的热量，需要自带的空调系统进行降温。它的建造成本最初估计为15万美元，但在实际生产过程中却上升到40万美元。

然而，埃尼阿克从未进入现役，因为直到1945年11月，也就是战争结束几个月后它才完工。尽管如此，它还继续致力于服务美国氢弹的发展。

操作机器

第二次世界大战导致男性工程师短缺，这意味着许多年轻女性不得不被征召为埃尼阿克工作。这些年轻的女程序员（其中许多是数学专业的毕业生）的任务是"硬线"编程，这意味着她们需要花费大量时间在机器内部设置开关和电缆。许多人一开始是被雇来做手工计算的，然后才开始操作这台机器。讽刺的是，这台机器被生产出来的目的是取代她们所正在进行的工作。事实上，这些女程序员在当时就被称为"计算机"。

埃尼阿克为新的计算任务设置参数需要几天的时间，程序员需要将电线连接到插板上，然后再花数小时测试机器是否配置正确。弗朗西斯·霍伯顿后来从事计算机语言COBOL和FORTRAN的研究，是最早研究出在机器上快速找出正确路径的人之一。她说，她经常在睡梦中受到梦境启发。

打开埃尼阿克是不被允许的，因为这样会使其内部的真空管爆炸。事实上，这些真空管经常爆裂，需要工作人员四处检测，找出爆裂的是哪一个，然后更换它。维护团队在反复检测的经验中，成功地将这一过程缩短到了15分钟。

氢弹

建造完成后，埃尼阿克正式参与的第一项工作是与美国氢弹计划有关的计算，当时该计划在洛斯·阿拉莫斯国家试验室尚处于起步阶段。后来，曼哈顿计划的尼古拉斯·梅特罗波利斯专门为氢弹设计了一种新的计算机，它被命名为"曼尼阿克"（数学分析仪、数值积分器和计算器），而埃尼阿克据说在被雷击损坏后最终退役了。

为了说明计算机技术从计算机时代开始以来已经取得了多么大的进步，1997年，宾夕法尼亚大学穆尔电气工程学院的学生为了纪念埃尼阿克诞生50周年，在一块计算机芯片上模拟了整台机器，包括它最初的手工连接线路，并可通过个人电脑进行控制。

埃尼阿克最终被拆成了两部分：一部分置于史密森尼学会展出，另一部分则归密歇根大学所有。在后来的几年里，它的一些面板被亿万富翁罗斯·佩罗买下，现在在位于俄克拉何马州的西尔堡野战炮兵博物馆展出。

研究员：
埃德蒙·伯克利

主题领域：
智能机器

结论：
帮助开创了个人计算的时代

机器能像我们一样思考吗？

"巨型大脑"如何帮助我们
想象每个家庭都能够拥有一台电脑

在计算机发展的早期，人们普遍认为机器与其说是电子工具，不如说是类似于人类（或者至少是人类的大脑）的一种人造产物。

这一形象经常出现在早期计算机（如埃尼阿克）的新闻报道中（见75页），在埃德蒙·伯克利的第一本关于电子计算机的畅销书《巨型大脑或会思考的机器》（*Giant Brains or Machines That Think*）中也被着重提出。该书描绘了一幅充斥着这种"巨型大脑"的未来图景，世界因此发生着巨大的改变，这种变化是充满希望的。

这本书出版于1949年。在这之前一年，诺伯特·维纳的《控制论》（*Cybernetics*）引起了广泛关注，该书讨论了自我调节机制。然而，伯克利的书生动地描绘了一个充满计算机的未来，激发了公众的想象力。

奇怪的巨型机器

"最近有很多关于奇怪的巨型机器的新闻，这些机器可以以极高的速度和技巧处理信息。"伯克利写道，"如果大脑不是由肉体和神经构成，而是由硬件和电线构成的，那么这些机器也可以被当作另一种形态的大脑。"

伯克利的一些结论是乐观的。他写道："机器可以处理信息，包括计算、总结和选择，它可以对信息进行合理的操作。因此，机器可以思考。"

出生于1909年的伯克利是一名精算师和计算机先驱，他曾亲眼见过10年来建造的几台不同巨型计算机，书中也描述了当时存在的几台机器（并想象了在这种机器下改变一切的未来）。

这本书大受欢迎，影响广泛。帕特里克·麦戈文是《傻瓜游戏》（*For Dummies*）系列计算机书籍的作者，在阅读了《巨型大脑或会思考的机器》之后，他受到启发，想要制造一台可以在井字棋游戏中击败任何人类选手的计算机。最终，他获得了麻省理工学院的奖学金。

对机器人的恐惧

这本书还引发了人们对机器人和人工智能改变的未来的担忧，包括普遍失业的问题。约翰·E.法伊弗在《纽约时报》上写道："书中有一个重要章节讨论了大规模计算机的社会影响。在过去，技术性失业主要局限于手工劳动者，但当数以百计的商业计算机被生产出来时，许多白领可能会发现自己被真空管组合所取代。"文章指出，由于正在使用的大型计算机"不到一打"，这种担忧目前还只是"未来式"。

伯克利还对机器人起义发出警告，暗示在未来，机器人可能会对人类构成人身安全问题。作为一个终生反对核武器的运动者，伯克利写了一篇强烈谴责制备自主武器和技术武器的文章。

简单西蒙

《巨型大脑或会思考的机器》这本书帮助激发了公众对计算机的兴趣，也帮助人们养成了将计算机称为"大脑"的习惯，伯克利预言未来将充满这种"大脑"。

"人类才刚刚开始构造机械大脑，"伯克利写道，"现有的这些机械大脑都还处于孩童时期，它们都是1940年以后出现的。很快就会有更多了不起的巨型大脑出现。"

也许这本书最持久的遗产是西蒙，一个简单的"机械大脑"。在书中描述后，它被伯克利制造了出来，通常被称为第一台个人电脑。

伯克利写道："西蒙如此简单，如此娇小，事实上，它可以建得比一个杂货店里卖的盒子还小，大约4立方英尺……看起来，像西蒙这样的机械大脑的简单模型并没有很大的实际用途。但事实恰恰相反，西蒙在教学中的作用与一套简单的化学实验相同。它可以激发思考和理解，用于培养和训练技能。一项关于机械大脑的培训课程很可能包括构建一个简单的机械大脑模型作为练习。"

西蒙可以进行简单的计算，通过打孔卡片输入数据（打孔卡片机是伯克利作为精算师的工作工具），再通过设备背面的灯光给出"答案"。

现代预测

伯克利希望这台机器能引发制造"机械大脑"的热潮——类似于20世纪60年代的晶体管收音机热潮，但这台机器的局限性（它只能显示数字0、1、2和3）使得它并没能担起此重任。

但这次机器上的经验使他对我们的现代世界做出了一个著名的（而且相当准确的）预测。在1950年《科学美国人》上的一篇文章中，伯克利写道："有朝一日，我们甚至可能在家里拥有小型电脑，像冰箱或收音机一样从电线中获取能量……它们可能会帮助我们回忆起很难记住的事实；它们可以计算账户和所得税；有家庭作业的学生可能也会寻求它们的帮助。"

机器如何通过图灵测试？

评估机器智能行为的能力

1950 年

研究员：
艾伦·图灵
主题领域：
机器智能
结论：
人工智能可以模仿人

如何判断一台机器是否智能？被称为"人工智能之父"的英国计算机先驱艾伦·图灵在1950年提出了一个简单的测试，他称之为"模仿游戏"。在随后的几十年里，它又被更名为"图灵测试"。这是一个简单的室内游戏，裁判和两个参与者分开坐：一个是人类，另一个是机器。裁判通过与它们交谈来猜出哪个是人类。

图灵在他的科学论文《计算机器与智能》（*Computing Machinery and Intelligence*）中写道，如果一台机器能够混淆裁判的视听，相信它是人类，那么它就能"赢得"这场游戏，证明自己具有智能。在此后的几十年里，不同人分别对游戏规则进行了新的解释和优化。

模仿游戏

关于"模仿游戏"，事实上图灵提出了两种玩法：一种是一男一女，他们必须骗过裁判他们的性别；另一种是机器和人。图灵认为，如果一台计算机在人性方面能像人类在性别方面一样骗过裁判，那么就可以认定计算机具有智能。

图灵承认这个测试简化了问题。他否定了"机器能思考吗？"这个问题，而是问道："数字计算机是否能在模仿游戏中表现出色？"

这个测试并不是为了找出"真正的"智能，甚至也不是为了理解它，而只是为了验证机器能否模仿人类。他建议，从本质上讲，机器应该撒谎，

以试图欺骗裁判。他建议机器在回答复杂的数学问题之前应该停顿30秒，以便更好地模拟人类选手。

"我并不想给人留下我认为意识没有奥秘的印象，"图灵写道，"但我并不认为在回答我们所关心的问题之前，这些奥秘一定需要被揭开。"

会思考的机器

图灵自己对于创造一台智能机器所需要的时间有点儿过于乐观了。他预言，到20世纪末，机器将能够"思考"。他写道："那个时候，人们说的话和受到的教育观点将会发生很大的改变，大家将能够谈论机器的思维，而不会被认为是在做奇怪的事情。"

自图灵提出这个问题后的半个多世纪里，人工智能聊天机器人层出不穷，并以各种不同的形式竞相"通过"测试。一些研究人员甚至声称他们的机器人可以在各种图灵测试中"获胜"，尽管这些测试结果都具有一些争议性。

第一个能够进行图灵测试的软件是麻省理工学院于20世纪60年代开发的ELIZA。它试图通过"模式匹配"（寻找短语，然后用相同短语的变体进行回复），模仿人类的对话。但是创造者约瑟夫·魏岑鲍姆认为ELIZA反而暴露了图灵测试的缺陷，因为ELIZA可以保持类似人类的对话，却根本没有理解人们对"她"说的话的含义。

每年一度的罗布纳奖是由发明家休·罗布纳于1990年发起的。在这个奖项的舞台上，聊天机器人争相欺骗评委，企图让他们相信自己是人类。多年来，已有几十个机器人赢得了该奖。

尤金·古斯特曼是真的吗？

2014年，在英国皇家学会的一次活动上研究人员声称，一个名为"尤金·古斯特曼"的计算机程序通过了图灵测试。该软件是在俄罗斯圣彼得堡开发的，旨在模拟一名13岁乌克兰男孩的对话。古斯特曼在5分钟不受限制的对话中骗过了33%的评委，随后英国雷丁大学的研究人员凯文·沃里克宣称机器人获得了胜利。

"这次活动涉及的同步对比测试比以往任何时候都多，不仅通过了独立验证，最重要的是，对话内容是不受限制的。"沃里克说，"真正的图灵测试不会在对话之前设定问题或主题。因此，我们很自豪地宣布，艾伦·图灵的测试首次被通过了。"

其他人则对这次测试持怀疑态度，称这是一场"公关噱头"，并指出此前各种机器人都取得了类似的成功。沃里克本人也不是第一次卷入这种"引人注目的事件"中了，他曾在自己的手臂上植入计算机芯片，并以此称自己为"第一个半机械人"。批评人士还表示，古斯特曼机器人的做法是不公平的，因为它利用其所谓的年轻和乌克兰血统来掩盖错误，假装这些并非机器人本身的问题，而是由年轻或文化差异造成的。

随着越来越多的企业将"聊天机器人"软件作为与客户沟通的第一道防线（我们中的许多人日常生活中都会与Siri和Alexa等语音助手沟通），类似于艾伦·图灵畅想中的未来机器人每天都在我们身边，与我们非常自然地交谈。但不同的是，这些机器人从不试图欺骗我们，让我们以为它们是人类。

现在，科学家们不再认为图灵测试是任何一种人工智能的基准，但它仍然是日常生活的重要组成部分。我们所有人在使用计算机时都会经常经历一种"反向图灵测试"，以在线表单中的验证码的形式出现，旨在禁止冒充人类的机器。每次你为了证明自己不是机器人而挑出棕榈树或消防栓的图像时，都是在做反向图灵测试。

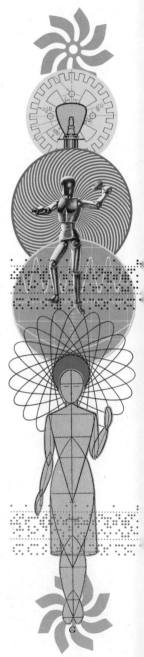

什么是SNARC？

第一台像人脑一样学习的神经网络机器

研究员:

马文·明斯基

主题领域:

神经计算

结论:

类脑计算机可以像
生物一样"学习"

当斯坦利·库布里克计划为他1968年执导的电影《2001太空漫游》（2001）设计流氓人工智能哈尔（HAL）时，他梦想着尽可能准确地"重现"一个人工智能在33年后可能做的事情（电影的背景是1991年）。他请教了人工智能专家马文·明斯基，明斯基就这台机器可能会做什么（在电影中，它可以说话，可以读唇语，甚至还可以下国际象棋），以及它的外观应该如何呈现（比如一个装满黑盒子的柜子）提供了建议。

明斯基是一位有远见的专业人士，他在20世纪40年代还是哈佛大学的一名本科生时，就首次设想了一种能够"学习"的机器。作为一个博学多才的人，明斯基不仅在数学领域有一定的造诣，还研究过音乐、生物，最后在机器智能方面找到了属于他的真正使命。"遗传学似乎很有趣，因为没有人知道它是如何工作的，但我不确定它是否真的那么深刻。物理学的问题似乎很深奥。"他在1981年面对《纽约客》的采访时说。但对他来说，这两者都没有机器智能那样有足够的深度。"智能的问题似乎深奥得令人绝望，在它面前，我无法考虑是否还有其他值得做的事情。"

细胞内部

明斯基被1943年的一篇论文迷住了，这篇论文由神经生理学家沃伦·麦卡洛克和数学家沃尔特·皮茨合著，探讨了神经元（脑细胞）是如何工作的，并用简单的电路模拟了它的工作原理。

1951年，哈佛大学心理学教授乔治·米勒给明斯基提供了制造类似机器的机会，并为他提供了建造该设备的资金。明斯基招募了研究生迪安·埃德蒙兹，并"警告"他，这台机器可能会"太难"建造。

事实上，这台机器成为历史上第一个模拟神经网络功能的电子学习系统。神经网络是一种模拟人脑结构的计算机网络，如今被广泛使用。

明斯基的机器被称为"SNARC"（随机神经模拟强化计算机），它有40个突触，由管子、电动机和手抓（加上一个来自B-52轰炸机控制面板的备件）组成。

今天，SNARC只剩下一个神经元（它本身就是一个由真空管、电线和电容器组成的巨大装置），通过一个插线板与其他40个神经元相连。整个阵列大约有一架三角钢琴那么大。

SNARC的理念是"强化"记忆学习。机器的"记忆"以电容器（可以储存电荷的组件，用于短期记忆）和电位器（用于音量控制和长期记忆）的形式存在。

如果神经元放电，电容器就会保留其放电的记忆。如果系统被"奖励"（通过研究人员按下按钮），连接到电位器的所有40个神经元的链将增加神经元未来放电的概率。这些综合效果是用于"奖励"机器做出正确的决策。

机器中的老鼠

明斯基通过扮演一只试图在迷宫中寻找食物的"老鼠"来测试这台机器。目前还不清楚他当时是如何追踪结果的，因为整台机器已经丢失。在建立SNARC后，明斯基把机器借给了达特茅斯的学生，当他在10年后要求对方归还机器时，却被告知机器已经丢了。后来，人们认为明斯基和埃德蒙兹用灯光记录了"老鼠"的行进过程。

明斯基说，经过几次尝试后，机器会根据正确选择的强化作用进行逻辑思考。这意味着"老鼠"一开始会随机行动，一旦做出正确的选择，就意味着机器在下一次会更容易做出相同的选择。

然后明斯基注意到另一件事。"事实证明，由于设计中的一个电子故障，我们可以同时把两三只老鼠放进同一个迷宫，并跟踪它们。这些老鼠实际上是相互作用的。如果其中一只老鼠找到一条好的路，那么其他的老鼠就会趋向于跟随它。我们暂时放弃了科学，去观察这台机器。我们很惊讶，这么小的一个神经系统竟然可以同时进行多种活动。"

有大脑的机器

明斯基后来在1969年与西摩·佩珀特合著的《感知器》（*Perceptrons*）一书中指出了神经网络研究这一新生领域的一些局限性。当时，一些人指责这本书的出版使得人们对这个领域投入的研究经费减少了。

然而，近年来，人工神经网络重新变得流行起来，现在被广泛用于"深度学习"。计算机网络由层层"节点"组成，这些节点根据实例（例如使用标记的图像）进行训练，然后用于识别进一步的实例。

它们被广泛应用于语音识别和翻译软件等领域。当谷歌的DeepMind AI使用了"神经网络"来学习如何比所有的人类棋手下得更好，并为这一游戏设计了全新的策略后，它便在围棋比赛中击败了世界第一棋手。

谷歌甚至尝试使用神经网络为人工智能设计新的芯片，这一切都可以追溯到斯坦利·库布里克、哈尔和《2001太空漫游》，这一切听起来就像是科幻小说中令人毛骨悚然的故事。

人工智能是什么时候诞生的？

达特茅斯会议

"人工智能"一词是1955年8月在一个关于"制造智能机器"的研讨会上被提出的。该提案由时任新罕布什尔州达特茅斯学院的数学助理教授约翰·麦卡锡提交，代表了在20世纪50年代初许多科学家所持的乐观态度：人工智能并不是一个棘手的问题，而且可能在不久的将来就会实现。现在重新阅读这些论文的内容，听起来似乎"人工智能"用不了10年就会成为现实。

麦卡锡被广泛认为是创造"人工智能"一词的人，他将其定义为"制造智能机器的科学和工程"。在这次会议上，他提出，"人们将尝试找到如何让机器使用语言，形成抽象概念，解决目前只有人类才能解决的各种问题，并改进自己的方法。就这一目的而言，人工智能的关键问题是如何使机器的行为方式与人类的行为方式相同"。

思考的机器

大约有50名学者参加了这次研讨会，其中包括第一个神经网络设备的发明者马文·明斯基（见84页），研讨会持续到次年夏天的7月和8月。这次会议通常被认为是人工智能领域的发源地，许多与会的数学家和科学家后来都在人工智能领域取得了突破。

但该提案的措辞强调了一个事实：许多人工智能领域的杰出人士都抱有不切实际的乐观态度，他们相信，在不久的将来，计算机可以实现类似人类的智能壮举。令人遗憾的是，即使在60多年后的今天，该提案的预测也没能成为现实。

1956 年

研究员：

约翰·麦卡锡

主题领域：

人工智能

结论：

定义了人工智能的挑战（并催生了该领域）

虽然目前人工智能和机器学习系统可以做许多类似人类的事情，比如用自然语言交谈，但这些系统并不像达特茅斯会议上许多与会者想象的那样智能，达到能够与真正的人类别无二致的程度。

该提案称："我们认为，如果一群精心挑选的顶尖科学家用一个夏天的时间进行共同研究，其中一个或多个问题最终会取得重大进展。"

研究人员乐观地希望能够解决的"问题"包括模拟人脑的计算机、神经网络、使用语言的计算机和能够自我改进的机器。

一份提案写道："目前计算机的速度和内存容量可能不足以模拟人脑的许多高级功能，但主要的障碍不是缺乏机器容量，而是我们无法充分利用现有的能力编写程序。"

人工智能寒冬

认为只要为20世纪50年代那些昂贵、速度缓慢的计算机编写聪明的软件就可以创造出人工智能的想法是大错特错的。达特茅斯会议上的许多其他预测也是如此。

在20世纪60到70年代，计算机日益强大的能力（以及不断下降的价格）意味着人们对人工智能的兴趣仍然很高。但该领域未能提供任何类似于真正的人工智能（或能够理解语言或自我改进的机器）的东西。在20世纪70年代后期到80年代，该领域的投入资金骤减，导致了被称为"人工智能寒冬"的来临。

1973年，英国议会委派詹姆斯·莱特希尔爵士评估英国人工智能研究的现状。他的报告批评了人工智能未能实现其"宏伟的目标"。他写道："到目前为止，在该领域的任何一个地方，所取得的发现都没有产生当时预期的重大影响。"他的报告表明，人工智能算法无法处理现实世界的问题。这直接导致了首先在英国，然后在美国大幅度削减人工智能领域研究经费。

在接下来的几十年里，人们对"人工智能"的兴趣重新燃起，但不再是达特茅斯学院的与会者那时认为的那样——创造类人智能是一个只需少数科学家在新英格兰炎热的夏天就能解决的问题。

机器哲学

麦卡锡继续为人工智能的哲学做着贡献，他写道："像恒温器这样简单的机器都可以说是有信念的，而拥有信念似乎是大多数能够解决问题的机器的一个特征。"

他对超级计算机"深蓝"等系统感到失望，这台超级计算机在国际象棋比赛中击败了加里·卡斯帕罗夫（见117页）。他认为人工智能研究过于专注简单地处理同样的问题，只不过速度越来越快。

麦卡锡的同事达夫妮·科勒说，麦卡锡（于2011年去世）晚年仍然希望未来有一天会有一台能够通过图灵测试的机器，而不是像现代人工智能那样局限于狭隘且超动力的方法。他相信人工智能的意义在于制造出一种能够复制人类智能水平的机器。

1960 年

研究员:
约翰·查伯克

主题领域:
学习型机器人

结论:
机器人可以独立"喂养"自己

机器能照顾好自己吗？

野兽如何学会喂养自己？

尽管美国国家航空航天局的"旅居者"火星探测器机器人要在30年后才能探索另一个世界，但在20世纪60年代初，马里兰州巴尔的摩市约翰斯·霍普金斯大学的专家们就已经在考虑如何制造能够独立生存的机器人了。

约翰斯·霍普金斯大学应用物理实验室走廊的环境虽然不如火星表面那般恶劣，但这里有着名叫"野兽"和"费迪南"的两个被设计成能够独立生存的机器人。

一个怪异的怪物

"生存"的定义是：不迷路，不被任何物体卡住，并确保能自主充电。它们可以完全依靠自己实现这一目标，利用传感器追踪电源插座。一名研究人员说，由一个改良版的"野兽"保持的纪录是在没有人类介入的情况下运行40小时，最后因为机械故障而结束。这个60厘米（2英尺）高的机器人探索着它的世界，伸出一只"手臂"沿着墙摸索着前进，就像一个在迷宫中迷路的人试图找到出口一样。实验室的专家们希望这些机器能够为探索海洋深处和太阳系其他星球的机器人打下基础。

约翰斯·霍普金斯大学的机器人专家约翰·查伯克后来还参与了阿波罗登月任务导航系统的设计工作，他形容"费迪南"是一个"长相怪异的怪物"，并认为控制它的晶体管和微开关是一个"模拟神经系统"。在演示中，他展示了"野兽"和"费迪南"是如何在混乱的办公室环境中生存的（"这是一个非常混乱的环境。"他笑着说）。它们可以穿过门廊，穿过摆满椅子的办公室。

每台机器都配备了传感器，使其能够导航并找到墙上的电源插座，为自己充电。充电后，机器将切换到另一种模式，再次出发去探索。

该机器人有21种不同的操作模式，包括睡眠、进食、高速和低速，并可以从控制台控制。"野兽Ⅱ号"重达45千克（100磅），宽不到50厘米（20英寸）。在它的内部有150个数字电路和伺服电机，使它可以伸出接头给自己充电。

像蝙蝠一样导航

如果"野兽"被困在墙边，它就会切换到"振动"模式来帮助自己逃脱。为了使它能够"感知"周围的世界，它有一组微开关，帮助它引导充电器插入正确的位置。如果第一次尝试失败，它就会切换回导航模式，然后再次尝试，寻找另一个插座。像蝙蝠一样，它可以利用声学导航，使自己能够在不接触墙壁的情况下在走廊上移动。它有两个副波束，可以测量声音返回的时间，确保自己一直保持在路径的中间位置。

一个光学系统使它能够识别分布在实验室周围墙壁插头上的黑色盖板。但查伯克承认，它很容易把任何形状大致相同的物体误认为是充电板，包括椅子腿。

虽然"费迪南"和"野兽"都可以进行人工操作，但它们是可以完全独立运行的机器人。不过，与后来的机器人不同的是，它们不能从环境中学习。

但这并不意味这个过程是无意义和停滞不前的。在一段展示机器人能力的视频中，应用物理实验室的研究人员说道："尽管自动机器人没有从环境中学习，但它的设计者正在向自动机器人学习。"研究人员希望为机器人增加更多的传感器，以努力制造出可以在恶劣环境中用作探索目的的机器人。

"野兽"通常被描述为"前机器人"：它没有电脑，也没有编程语言。它是一个控制系统，类似于经典的恒温器－加热器组合。就像恒温器设定达到特定温度的"目标"一样，"野兽"搭载的电子设备设定了找到充电板并给电池充电的"目标"。它没有计算机，也没有编程语言。

缺乏兴趣

约翰斯·霍普金斯大学的研究员罗纳德·麦康奈尔写信给《科学美国人》说，虽然机器人引起了一些媒体的兴趣，包括美国全国广播公司的简短报道，但包括美国国家航空航天局在内的政府机构并没有表现出兴趣。"高级研究计划局的工作人员来过，但在早期近地载人太空战斗的时代，他们对探索月球、火星或地球深海的机器人原型并不是真正地感兴趣。"他写道，"只有庄臣公司想知道机器人是否能完成地板打蜡机的工作。"

如今，类似的系统已经成为扫地机器人等设备中为人熟知的一部分，能让机器人在导航下回到充电板。甚至本田的人形阿西莫机器人也有自己找充电器的能力，其他"玩具"机器人如 Anki Vector 也是如此。

机器人能做人类的工作吗？

机器人如何给制造业带来革命

1961年

研究员：
乔治·德沃尔
主题领域：
机械臂
结论：
机械臂彻底改变了
制造业

在1956年的一个鸡尾酒会上，两名美国工程师聊起了他们对科幻小说的共同兴趣，特别是作家艾萨克·阿西莫夫的"机器人"系列小说。小说中包括有机器人仆人，以及"机器人三大定律"，旨在阻止机器人伤害人类主人。在《我，机器人》等书中，阿西莫夫描绘了一个遥远的未来，善良友爱的机器人将与人类并肩工作，和谐共处。

其中一个叫乔治·德沃尔的人说，他申请了名为"程式化物品转移装置"的专利。另一位工程师约瑟夫·恩格尔伯格惊叹道："对我来说，这听起来就像个机器人！"

恩格尔伯格获得了德沃尔的专利许可，最终制造出了用于生产线上的第一条机械臂Unimate。它与今天仍在使用的型号非常相似。

两人的这次交流重塑了整个制造业，但他们在一开始推销这条机械臂给潜在的投资商公司时，却面临着来自对方的怀疑和敌意。许多人根本不相信这样的设备是可行的。在说服某家公司投资这台机器之前，恩格尔伯格已经接洽了40家公司。"试图让一个正常的商人理解一个机器人……"德沃尔说，"他们以为你说的是科幻小说之类的东西。"机器人的专利直到1961年才被授予，也就是两人相遇的5年后。他们最终把第一台Unimate机器人卖给了通用汽车公司。

Unimate的第一份"工作"是在新泽西州尤因镇的通用汽车工厂搬运和堆放热金属部件。这对人类来说是一项危险且难受的任务，但可编程的机械臂可以毫不费力地完成。

取代工作？

很快，Unimate 1900系列开始大规模生产，其中美国就有400多条机械臂被投入使用。这个机器人使全世界为之着迷。它出现在电视节目《约翰尼·卡森秀》（*The Johnny Carson Show*）中，在聚光灯下打了一个高尔夫球，倒了一杯啤酒，还尝试了手风琴演奏，但没那么成功。卡森惊叹于这台机器"可以取代某些人的工作"。

Unimate是可编程的，有一个可以存储指令的磁鼓。由于设备上没有传感器，因此它所能做的只是一遍又一遍地重复同样的任务。

克莱斯勒和其他公司购买了更多的Unimate（新型号被用于焊接和喷漆等任务）。这项技术在日本也流行了起来，帮助日本汽车工业登上了全球舞台。

在接下来的几十年里，日本和中国的许多企业都成为机器人技术的热情用户。根据国际机器人联合会的数据，目前世界各地的工厂中有270万个工业机器人在工作。美国科学杂志《大众机械》（*Popular Mechanics*）将Unimate机械臂评为20世纪50大发明之一。

热狗和汉堡

20世纪40年代，自学成才的德沃尔发明了一种微波炉。这种投币式机器被他称为"快速小子"（Speedy Weeny），用来分发煮好的热狗。德沃尔一生中总共获得了40多项专利。在家里，德沃尔的妻子用他发明的一台类似的机器做汉堡。他还发明了一种自动开关的门，被宣传为"幻影门卫"。

在后来接受《计算机世界》（*Computer World*）采访时，他说他的自学背景从未阻碍过他。"我总是涉足很多人都不了解的行业，"他说，"这些行业无法直接获取信息，所以我自己创造了信息。"

恩格尔伯格和阿西莫夫

恩格尔伯格后来被称为"机器人之父"，他不仅是这项技术的先驱，而且不知疲倦地倡导从医院到太空探索等各个领域使用机器人。他向美国国家航空航天局提出了在太空任务中使用自动化技术的建议，还致力于为医院制造专用机器人，他的 HelpMate 医院快递机器人被广泛使用。

后来，他感谢了阿西莫夫，后者在哥伦比亚大学物理系读本科的时候就开始了他高产的写作生涯，这激励了恩格尔伯格。恩格尔伯格自己的著作《实践中的机器人》（*Robotics in Practice*）配有阿西莫夫的序言。这位小说家在序言中写道："机器人会取代人类吗？当然会，但机器人只会取代那些低于人类的尊严的工作，和那些无意义的苦差事，仅仅因为这些工作一个机器人就能做好。我可以为人类找到更好、更人性化的工作。机器人技术将稳步发展，正如我十几岁时想象的那样，机器人将承担这个世界中越来越多的苦差事，因此人类将有越来越多的时间来做具有创造性和快乐的事情。"

5. 适者生存

1970—1998 年

　　机器人能从生物身上学习到新的技巧吗？ 20世纪80年代，一些研究人员开始致力于研究机器人是否可以表现得更像动物，比如昆虫，甚至是人类。例如：机器人"Toto（托托）"可以模拟类似老鼠大脑的"思考"方式来探索环境；而研究人员辛西娅·布雷西亚则开发了第一个"社会机器人"，它能像幼儿一样对情绪做出反应（并且具有类似孩童的自主需求）。

　　在麻省理工学院的一个巨大水箱中，一条名叫"查理"的机器金枪鱼在无休止地逆流而上，这让研究人员得以了解真正的鱼

类是如何在水中推动自己前进的（并使用相同的原理设计用于探索海底的新机器）。

与此同时，其他机器人将面临人类的挑战。本田的标志性机器人"阿西莫"将成为首个能像人类一样行走的机器人。由一群机器人组成的足球队也将开始执行一项任务，要在2050年前击败世界上最好的人类球队。在1997年，IBM创造的橱柜般大小的"深蓝"计算机即将赢得一场国际象棋比赛，这标志着人工智能历史的转折点……也标志着人类的转折点。

1970 年

研究员：
查尔斯·罗森

主题领域：
导航机器人

结论：
机器人可以自行导航和处理障碍物

沙基是怎么思考的？

为什么沙基的导航改变了世界？

今天，我们大多数人都不假思索地依赖计算机来告诉我们去往目的地的路线，这多亏了智能手机中内置的谷歌地图等应用程序。

但在1964年，当加利福尼亚州门洛帕克的斯坦福研究所机器学习小组的负责人查尔斯·罗森向美国国防部的高级研究计划局提出设计一种自行导航计算机的想法时，这个想法还是很前沿的。

能够自己寻路的机器人以前只存在于科幻小说中。为了获得资金，罗森提议机器人可以"执行侦察任务"，这通常只有达到成年人的智能水平才能做到。高级研究计划局对此很感兴趣，并在1966年为该项目提供了资金支持。

研究人员怀疑，军方希望通过这项技术研发出一种能够模拟计算坦克数量的机器人。这一目的从未实现，但是，在很多方面，沙基（"Shakey"得名于当机器人运动时，由组件和摄像机组成的塔会来回摆动）是第一台类似于今天大多数人认知里的"机器人"的机器。

它引发了公众对机器人和人工智能的讨论，成为媒体上的标志性人物，就像后来的机器人阿西莫（见125页）凭借自己的能力成为名人一样。

"在这个温暖的加州小镇中一个没有窗户的实验室里，一个笨拙的机器人正在迈向学习独立完成复杂任务的第一步。"《纽约时报》写道，"根据它的工程师'父母'的说法，它仍然是一个'非常愚蠢的机器'。它能做的就是穿过满是障碍的房

间，从一个点移动到另一个点，对周围的环境只有微弱的'意识'。"《纽约时报》将沙基比作一个自学的"婴儿"，而《生活杂志》（*Life Magazine*）则将其描述为"第一个电子人"。

在一段宣传视频中，沙基团队说："我们的目标是赋予沙基与智力相关的能力，比如规划和学习能力。我们研究的主要目的是学习如何设计这些程序，使机器人可以用于各种任务，从太空探索到工业自动化。"

一个红色或白色的世界

沙基可以用摄像机"看"，可以用猫须传感器"感觉"，还可以在实验室里自主导航。实验室里有一个由孤立的棱柱块组成的迷宫，就像孩子们的游戏区。沙基世界里的一切都被涂成白色或红色，以便让机器人的单色视觉能够看得更清晰，还能反射足够的光支撑激光测距仪的工作。

它可以通过无线电与研究人员交流，并使用一组由电动机控制的轮子移动。它还配备了一个推杆，可以移动面前的积木。沙基项目的研究人员之一彼得·哈特将其通俗易懂地描述为"车轮上的电子架"。

沙基是第一个具有感知和规划能力的机器人。沙基具有独特能力的关键在于，"思考"这项复杂的工作不可能是在洗衣机大小的机器内部完成的。沙基连接到一台重达几吨的PDP-10计算机上，该计算机用于处理来自传感器的数据，并向驱动轮子的电动机发送命令。

航迹推算

沙基通过"航迹推算"来导航，即计算轮子的转动方向和距离，同时可以通过相机"看到"自己所处的位置，建立一个自己所处实验室的简单地图来支持这一点。它可以响应简单的命令，如"滚动"和"倾斜"，也可以根据命令"到达"实验室的特定位置。机器人通过电传打字（一种机电键盘）下达指令，并通过阴极射线管（一种老式电视）显示它正在做什么。

但让沙基脱颖而出的是它应对意外障碍的能力。在麻省理工学院的视频中，"小精灵查理"（穿着斗篷的查尔斯·罗森）在机器人的道路上放置了一个盒子，代表一个意外事件。沙基"看到"这个盒子并评估它是什么，然后修改行进路线，远离这个盒子，从另一个方向绕到它的目的地。研究人员可以在屏幕上"看到"机器人的思维过程。

机器人的STRIPS（斯坦福研究所的问题求解器）规划软件使其能够处理涉及推动积木和轻弹电灯开关在内的"任务"。参与该项目的尼尔斯·尼尔森说："如果'小精灵查理'来了，做了什么令人不快的事情，STRIPS就会想出一个新计划。这在当时是一个非常复杂的程序。"

沙基能够在由7个相连的房间组成的环境中找到特定的地

点以及指定的盒子，并在人类研究人员的指导下，用推杆将它们推成一组（同时避开道路上的障碍，无论这些障碍是环境的一部分，还是"小精灵查理"放置的）。

绕着我转

然而，机器人也有自己的怪癖。"沙基有时会停下正在做的事，开始360°旋转。"彼得·哈特说，"我们深入研究了代码，发现它这样做是因为其中有一个程序是用来解开连接线的。"在设计初期，它是被连接在一根长的连接线上，因此需要设定把自己从线上解开。

该项目最终被高级研究计划局取消了。尼尔斯·尼尔森说，国防机构的口号是"不再有机器人"，但沙基的导航和规划方法仍对未来50年的机器人领域产生了巨大影响，波及了从电子游戏到火星漫游者的一切。

为帮助机器人在色彩鲜艳的方块迷宫中导航而设计的计算方法今天仍在自动驾驶汽车软件中使用，当你向手机询问驾驶方向时，它将使用为沙基设计的算法。

比尔·盖茨曾说："软件的圣杯是人工智能，无论是纯软件能力还是物理机器人能力。早在20世纪60年代，斯坦福研究所就有了他们的机器人沙基。我看到了，然后说：'这就是我想做的工作——让那个机器人变得更好。'"

现在已经退休的沙基被陈列在加州芒廷维尤市的计算机历史博物馆的一个玻璃柜中。

机器人技术可以用来治疗癌症吗?

射波刀放射治疗

研究员:
约翰·阿德勒

主题领域:
放射外科

结论:
机器人癌症治疗技术已经挽救了数千条生命

约翰·阿德勒博士说,他的射波刀机器人放射外科系统的开发过程就如同做脑外科手术一样——永远都在出错。他不得不强迫自己保持积极的心态,一步一个脚印地不断试错,不断改正。然而,事实证明,创建射波刀机器人的过程是一个远比任何脑部手术都更复杂和漫长的旅程。

阿德勒是一位美国神经外科医生,斯坦福大学的同事认为他提出的机器人放射外科设备的设计并不会成功,并将其描述为"阿德勒的蠢事"。

当他把这个想法告诉风险投资人时,他们被这台设备的尺寸惊呆了。它有2米(7英尺)高,而且每台设备要花费350万美元。"没有人真正相信它在经济上是可行的,或者在医学上是优越的。"阿德勒说,"大家都没理会它。"

机器人外科医生

但射波刀后来拯救了成千上万的生命,并将从根本上改变一些癌症的治疗方式。该设备是一种机器人外科手术系统,现在被安装在全球数十家医院和医疗中心。它可以在治疗过程中捕捉患者身体的图像,这意味着射波刀可以非常精确地,从多个角度向曾经被判定为无法治疗的肿瘤进行辐射操作。

直线加速器直接安装在机器人手臂上,提供用于放射治疗的高能X射线或光子。它甚至可以与病人的呼吸同步,以确保辐射被送到正确的位置。

但早在1987年,当阿德勒第一次提出这个想法时,射波刀所需要的技术几乎是一片空白,开发该设备被证明是一场工程噩梦，一切都是从零开始。

1985年，阿德勒在瑞典做研究时受到了放射手术发明者拉尔斯·莱克塞尔教授的启发。莱克塞尔发明了一种名为"伽马刀"的设备。它是一个环绕在病人头部的金属外框，用来引导辐射光束，看起来似乎会让人联想到中世纪的刑具。

莱克塞尔本人也曾听到过反对这一想法的声音，但他相信终将会有一种设备替代传统手术的方法。他说："外科医生使用的工具必须与任务相适应，就人类大脑而言，这些工具再精细也不为过。"

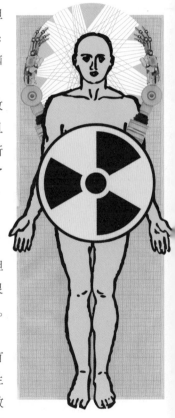

伽马刀操作烦琐，安装费时，但它的确是卓有成效的。阿德勒说，看到病人在治疗两天后走出医院，而且没有疤痕时，他意识到这就是未来。他的想法是利用新兴的机器人科学进一步完善伽马刀，这一想法最终花了近20年时间才成为商业现实。

更进一步

阿德勒自己的射波刀机器人是在返回美国后与斯坦福大学的工程师一起设计出来的，由软件引导着一条灵活的机械臂在病人周围移动，以精确地定向发射辐射。至少理论上是这样的。

该系统的早期测试并没有立即取得成功。一位患有脑瘤的老妇接受了这种无框架设备的治疗，但软件发生的错误导致整个手术持续了几乎整个下午。"从大多数方面来看，基于外框的放射外科手术会简单得多。"阿德勒承认，"但我们已经迈出了临床治疗的第一步。"

不幸的是，这名老妇在接受治疗后不久就去世了，没能进行后续的核磁共振扫描。她的死亡原因尚不清楚。

阿德勒所面临的技术问题是巨大的，他与工程师们一起努力解决问题，纠正错误。在射波刀问世的早期，他每个月只用它治疗一个病人，当时斯坦福大学内也仅安装了一台装置。

成长的痛苦

后来，阿德勒创办了推广射波刀的安科锐公司，该公司也遭遇了一系列困难。1994年的圣诞节，一个潜在的客户退出了；1995年年初，公司资金耗尽，导致三分之二的员工不得不被解雇。

1999年，阿德勒接任首席执行官。"公司里所有人都在争吵，面目可憎，"他说，"我们没有钱，每个人都互相憎恨，客户也憎恨我们。我们真的一无所有。"但就在所有人都认为安科锐公司即将走到尽头的时候，美国食品药品管理局批准了射波刀可以被用作脑瘤的临床治疗设备，接着又批准其用于治疗身体其他部位的任何肿瘤。

这一重要转折使安科锐慢慢地找到并留住了客户，并获得了资金得以继续开发新的系统，这些系统被卖给了世界各地的医院。今天，阿德勒被认为是图像引导放射治疗（IGRT）这一领域的开创者。

最新的射波刀S7可以与患者的移动实时同步，并从数千个独特的角度发送辐射，精度可达亚毫米级，而且无须外科医生进行手动输入。

射波刀目前已被用于治疗全球超过10万名患者。总的来说，机器人在手术中的应用越来越多，特别是在微创手术和锁孔手术中。与此同时，其他科技公司也在研发可以远程进行手术的机器人，这意味着即使病人身处另一个大洲，外科医生也可以为他们进行手术。

机器能从它们的行为中学习吗?

托托帮助机器"学习"

机器人的控制系统能够自主绘制周围环境的地图吗?就像老鼠在大脑中形成地图那样。这在机器人领域是从未实现过的,但麻省理工学院在20世纪90年代初制造的机器人托托不仅可以自己"绘制"区域地图,还可以重新访问之前的地标,其导航方式非常类似于迷宫中的小白鼠。

由机器人专家马娅·马塔里奇制造的托托有一个"分层"控制系统,这允许它同时拥有一个"原始"的命令层,使它能够在环境中随机游走,避开障碍。更高级的命令层可以构建更复杂的命令,使它能够记录和访问之前的路线。当机器人游走时,它会使用声呐和指南针来建立自身所处环境的地图,然后根据地图找到它曾经去过的地方的最佳路线(它可以通过外部的按钮接受命令)。马塔里奇这样描述托托:"如同一只老鼠的大脑,在迷宫中导航。"

自下而上的机器人

托托是由麻省理工学院的罗德尼·布鲁克斯倡导的"基于行为的机器人"的一个典型例子(他后来致力于鲁姆巴扫地机的研究,见134页)。布鲁克斯推广了基于行为的系统的理念。在这种系统中,一系列简单的"行为",例如遵循边界或远离杂乱的区域,引导着机器人的行动。布鲁克斯说,他的研究也被描述为"自下而上"的机器人。他说这一理念是受到了昆虫活动的启发,昆虫虽然没有高智商,却能迅速做出最利于自身生存的决定。基于行为的机器人尽管没有太多预先

1990 年

研究员:
马娅·马塔里奇
主题领域:
基于行为的机器人
结论:
机器人可以像老鼠一样用大脑学习导航

编程的行为（或智能），但它们先行动，后思考，这使得它们能够探索并实现目标。这也是托托能够找到方向的原因。

像其他基于行为的机器人一样，托托的行为分层，根据优先级，上层的行为"凌驾于"下层的行为之上（例如引导托托到它之前访问过的地标）。

迷宫中的老鼠

使用该系统制造的机器人很简单，但能够做出相对智能的行为，在解决问题的方法上通常类似昆虫。

在托托的例子中，上层命令允许自身有效地绘制所探索的实验室环境。它所识别的"地图"只能够是原始层之前已经在某些区域经过的路线和遇到过的事情。

如果它在一个没有障碍物的直线上走了很久，那么就会把这映射成一条走廊。如果它发现了一堵墙，就会把这映射成"右手墙"或"左手墙"。同样，如果它在一个混乱的区域徘徊，就会把这映射成"混乱的区域"。

当托托的地标检测层确实检测到一个地标时，该描述会被发送到托托的所有地图行为中。如果能够和之前的一个地标匹配，那么这种行为就会变得活跃，这意味着托托通过对比可以确认目前它在地图上的位置。该系统还同时向其他区域发送抑制行为，因此在同一时间只有一个区域处于活跃状态，这意味着托托会进一步确定自己的位置。

如果未发现匹配的地标，控制系统就会将此地"创建"成一个新的区域，让托托探索迷宫般的新世界。托托会根据存储的地图，尝试预测接下来会出现的地图区域和行为：如果预测正确，它就会更加确信自己处在正确的地方。

对于人类来说，知道我们在哪里是非常容易的，特别是在熟悉的环境中，比如自己的家或办公室。但对于机器人来说，这是一个非常棘手的挑战。

导航世界

托托的定位能力也意味着它可以导航到之前去过的地标。为此，研究人员将定义一个目标地标，它将向地图上附近的位置发送信息，直到它们到达托托实际所在的位置（机器人的真实位置）。然后托托将对命令列表进行排序，直到找到最短的列表，这将是它到达目的地标的最短路径。

"除了去特定的地标，比如某个走廊，托托还可以找到最近的具有特定属性的地标。"马塔里奇在她2007年出版的《机器人入门》（*The Robotics Primer*）一书中写道："例如，假设托托需要找到最近的右墙。为了实现这一点，地图上所有的右墙地标都会开始发送信息。托托将沿着最短的路径，到达地图中最近的右墙。"

托托的导航很简单，这使得它即使被拿走后放到另一个区域，仍然可以找到最短的路线。同样的事情如果发生在更复杂的机器人身上，反而有可能使它产生困惑。马塔里奇认为，机器人在探索过程中"学习"和内化其地图的方式与老鼠学习环境的方式相似。这种"基于行为的机器人"允许机器人能够实现复杂的目标，而无须复杂的编程。

马塔里奇后来开创了社会机器人的新思路——为老年人和病人服务，而基于行为的机器人理念仍然很有影响力。自20世纪80年代以来，这种理念已经创造了许多廉价的实用机器人，比如扫地机器人。

机器人是如何表达情感的?

Kismet帮助我们与机器人交谈

研究员:
辛西娅·布雷西亚
主题领域:
社会机器人
结论:
机器人可以与人建
立情感联系

"不,不,不合适!"女人严厉地对那个没有实体的机器人脑袋说道。机器人的脑袋耷拉着,表现出羞愧的样子,甚至它的耳朵也耷拉着,好像它真的感到懊悔。它看起来像一个动画角色,也许来自皮克斯的电影,但这并不是什么特效技巧在起作用:这个脑袋就是一个机器人。

这个机器人脑袋(Kismet)是由麻省理工学院的机器人学家辛西娅·布雷西亚在实验室设计的。她说自己是在为美国国家航空航天局的"旅居者号"火星探测器工作时受到启发,开始研究"社会机器人"。与马塔里奇不同的是,布雷西亚并不专注于机器人如何从A点到达B点,而是想研究出能让人们在与之互动时感到舒适的机器人,满足情感需求。

由两位科学家抚养长大的布雷西亚认为,社交机器人是大多数机器人专家根本没有考虑过的东西。她自己对"社交机器人"的兴趣始于幼年时写过的一篇关于一个有情感的机器人的短篇小说。她的这种想法受到了《星球大战》电影中包括R2-D2和C-3PO在内的虚构机器人的启发。

"有人类,有宠物,有思想,有信仰,有情感,机器人需要能够与它们互动。"她说,"制造一个具有社会和情感智能的机器人,让它最终能够与人类协作,这将意味着什么?"

友好的机器人

今天,我们大多数人都在不经意间与Siri和Alexa这样的聊天机器人交谈。从银行业务到订购比萨,这种模仿真人说话和行动方式的机器人正变得无处不在。我们大多数人甚至希望机器人和Siri等人工智能助手在与我们交谈时能表达情感，使用口语化语言。

但布雷西亚指出，在Kismet之前，机器人专家并没有认真考虑机器人需要处理思想、信仰和情感，或者它们需要某种形式的社会智能。

布雷西亚和她的团队在开发Kismet时采取的方法是独特的。它没有被预先编程特定的行为模式，而是会像人类婴儿一样，通过模仿父母来学习。

Kismet实际上不能真正理解语言，但可以理解说话者的意图。它实际上也不会用任何可理解的语言说话，而是发出类似单词的咕哝声。布雷西亚希望，这个机器人将通过父母对小孩子使用的那种夸张的手势来学习，并能对说话人的意图做出相应的反应。

如同活人一样

其结果是，这个机器人似乎具有一定的社会智能属性，并能像生物一样有着情绪反应。它通过摄像机和麦克风感知世界，并可以通过移动头部、耳朵和嘴唇的电动机做出反应。

Kismet看起来像一个玩具（或电影道具），并且的确启发了几代玩具的设计师，如菲比小精灵（Furbies）。但Kismet的内部有一个庞大的计算机硬件。其中一个系统负责语音合成和意图识别（Kismet具备"理解"交谈对象的情感意图的能力），通过两台搭载Windows操作系统的电脑和一台搭载Linux操作系统的电脑完成运行。另外，采用摩托罗拉的4个微处理器分别处理感知、动机、运动技能和面部运动，而另一个由9台联网个人电脑组成的系统处理视觉功能并控制眼睛和颈部。

简单来说，机器人对接收到的图像和声音进行处理，寻找其中需要做出反应的实质内容（如语音语调，或者是否有人在看它），然后将这些信息输入一个注意力系统，该系统引导Kismet注意这些事物。

如果它检测到一个人，它可能会表达出各种各样的情绪，从快乐到厌恶，甚至无聊。它的许多反应都是为了"控制"与它互动的人。例如，如果某人离Kismet的摄像头太远，它会发出"呼叫"的声音，吸引他靠近。

机器人的欲望

但机器人也有自己的需求。Kismet的一台电脑用柱状图展示了它的三种"驱动力"（社交、刺激和疲劳），每一种驱动力都是它试图被满足的一种"需求"。如果它很孤独（也就是说，此时它的社交驱动力很高），它就会寻求与人互动。如果它感到无聊或需要刺激，它就会盯着玩具，希望有人把它带过来。而当感到疲劳时，它就会呈现安静的状态，表现出想要休息。

所有这些计算能力的结果是，Kismet这个脱离实体的脑袋可以"凭直觉"感知情绪，并做出自己的反应。当"惊讶"时，机器人会竖起耳朵，张开嘴唇。当感到"厌恶"的时候，它会抿紧嘴巴。当它"伤心"的时候，耳朵会耷拉下来，嘴巴变成一个卡通式的苦瓜脸。

布雷西亚后来又陆续开发了其他社交机器人，包括饮食和运动教练机器人，以及允许人们在很远的地方"发送拥抱"的"远程呈现"机器人。她还创立了社交机器人公司Jibo。

她相信，社交机器人即将走入千家万户，成为每个家庭的一部分。"随着移动计算的发展，以及传感器、处理器和无线通信的成本下降，家庭服务机器人将成为现实。社交机器人不会取代人类正常社交网络，而是会补充和加强它们。"

机器可以在水下游泳吗？

机器金枪鱼如何帮助我们探索海洋？

当人类设计水下推进系统时，他们是在与鱼类竞争。鱼类是在1.6亿年的进化过程中被大自然"设计"出来的。麻省理工学院的迈克尔·特里安塔菲卢教授想知道：为什么没有人试图学习鱼是如何在水中游泳的呢？

当麻省理工学院制造机器金枪鱼时，这是独树一帜的项目，之前从未有人试图复制鱼类的运动。该团队选择金枪鱼作为他们的第一个机器鱼的模仿目标是因为它们的速度。金枪鱼已经进化到能以极高的速度穿过海浪，特殊的体型使某些种类的金枪鱼甚至能达到69千米/时（43英里/时）的速度。其中蓝鳍金枪鱼可以长到3米（10英尺）长，重量超过一匹马。

在麻省理工学院，他们将这项工作描述为"逆向工程"，因为他们在已知蓝鳍金枪鱼的速度和运动的情况下试图对其进行模仿，反向推理制造出相同原理的机器鱼。这条机器鱼（游泳时被系在一个巨大水箱的支柱上，通过电线将信息反馈给研究人员）被人们亲切地称为"查理"。

鱼类的故事

查理的骨架是铝制的，里面包含40根聚苯乙烯肋骨，包裹在网状泡沫和氨纶所制成的皮肤里，这有助于它在水中顺利游动。与以往人类设计的所有水上交通工具不同，它的推进力不是来自桨，也不是帆，更不是螺旋桨……而是一只鳍。

这条机器鱼大约有3 000个部件，它的身体通过6个额定功率为2马力（约1.49千瓦）的伺服电动机进行伸缩。电动机与查理体内的不锈钢电缆系统相连，就如同肌肉和肌腱的关系。

1993 年

研究员：

迈克尔·特里安塔菲卢

主题领域：

机器人推进

结论：

通过模仿鱼类，机器人可以快速有效地游泳

111

在查理的外部，安装在它肋骨上的力学传感器提供反馈，使它能够实时调整自己的动作。这台机器每周都会在麻省理工学院的水箱中"游"几次，研究人员通过测量查理的反馈，首次了解了金枪鱼是如何游泳的。来自查理的数据将使研究人员能够设想一种推动水下交通工具的新方法。

涡流大师

研究人员发现，控制水中的涡流（或称旋涡）对鱼类的生存至关重要（这与之前的人造交通工具实现自我推进的过程非常不同）。金枪鱼通过操纵水中的涡流来推进自己，在没有涡流时还能快速移动尾巴来自己创造涡流。

特里安塔菲卢教授当时写道："目前的技术旨在尽量减少船类等在水中运动时形成的涡流，因为这些涡流会造成巨大的阻力，使设备减速。然而，鱼类们却故意制造这些涡流，并利用它们为自己服务。这就是我们对机器金枪鱼所做的。它可以在水中制造涡流，并控制它们。"

研究人员使用一种"遗传算法"来"进化"查理的游泳系统——筛选出表现越来越好的程序。随着时间的推移，查理成功驾驭了涡流，并（在某种程度上）复制了自然世界中金枪鱼所能达到的爆发速度（尽管当时它仍然被拴在麻省理工学院水箱的支柱上）。

探索深海

研究人员希望查理的技术可以应用于未来的响应式水下航行器，使其可在极端环境下工作。"在探索海底热喷口时，几英尺距离的水温差可能达到100摄氏度。"特里安塔菲卢说，"正因为如此，你需要一个灵活的系统，能够对不可预见的事件做出快速反应。目前的自动水下航行器使用的是笨拙的传统

螺旋桨驱动器，不具备应对这种高危情况所需要的速度和敏捷性，因此亟须一种新的水下航行器替代传统螺旋桨驱动器。而机器金枪鱼将最大限度地降低勘探风险，以及开辟目前为止被认为太过危险的新水域。"

麻省理工学院还制造了一条机器狗鱼，试图了解自然世界中狗鱼的极速加速。他们还研究了英国动物学家詹姆斯·格雷在1936年提出的"格雷悖论"——关于海豚如何在似乎没有足够肌肉的情况下快速游泳。机器金枪鱼的突破激发了世界各地做相关研究的实验室制造大量机器鱼的灵感。在查理之后，已经有几十条机器鱼被创造了出来。

2009年，麻省理工学院的研究人员创造了新一代机器鱼，比机器金枪鱼小得多，长13～46厘米（5～18英寸）。每条机器鱼都由柔软的聚合物制成，即使长时间完全浸入海水中也能抵抗腐蚀。

相比机器金枪鱼体内有数千个部件，这种鱼只有10个部件，每一条的价格只需要几百美元。一些公司对使用这种设备进行水下测量和监视表现出了兴趣。他们的想法是，可以将数百个相对便宜的设备扔进一个海湾或港口，然后进行测量并获取所需数据。

由于鱼类很容易被人类的存在吓到，因此机器鱼还可以用于辅助人类近距离观察动物而不被发现。麻省理工学院的一个团队制作了一种软体机器鱼，在斐济的珊瑚礁中与真鱼一起游泳……而不会被当成冒牌货吓跑鱼群。

1997 年

研究员:

北野浩章等人

主题领域:

机器人大挑战

结论:

到 2050 年，一支机器人球队可以击败顶尖的人类球队

谁的足球踢得更好？

机器人世界杯的目标

到 2050 年，一支机器人足球队将击败世界上最好的人类球队，将足球加入"机器永远战胜人类"的项目事业清单中（就像曾经的国际象棋，见 117 页）。至少理论上是可以实现的。

机器人世界杯的官方目标是："到 21 世纪中叶，一支完全自主的人形机器人足球运动员队在遵守国际足联的官方规则的前提下，赢得一场足球比赛，击败上一届世界杯的冠军。"

从 20 世纪 90 年代初开始，机器人专家就提出了一个"大挑战"活动，即尝试建立一支能够与人类较量的机器人足球队。考虑到让机器人在球场上导航都很困难，更不用说团队合作击败技术高超的人类球员了，这确实是一个非常艰巨的挑战。最初，这个想法仅限于日本，但它吸引了来自世界各地的大量关注，最终"机器人世界杯"由此诞生。

瞄准目标

机器人世界杯刚被提出的时候，人们很难想象机器人"足球运动员"在球场上向人类最好的球队发起挑战是怎样一番景象。对于当时的机器人技术而言，即使是接触到球这件事也是一种挑战，更不用说超越防守者或瞄准球门了。

1997 年，由来自索尼公司的北野浩章等科学家发起了机器人世界杯挑战。这使得机器人科学家们受到了鼓舞，致力于机器人和人工智能研究的团队齐聚日本名古屋，在几个不同的联赛（根据机器人的大小和能力划分）中斗智斗勇地展开比赛。北野浩章曾致力于研发其标志性的爱宝狗。1997 年 5 月，"深

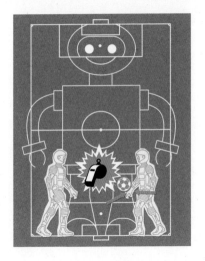

蓝"在国际象棋中战胜了加里·卡斯帕罗夫（见117页）。

规则很简单——这些机器人的行为必须是完全自主的，没有人在边线上进行控制。事实上，一旦比赛的哨声响起后，就不再有人与机器人交互了。北野回忆说，在第一届机器人世界杯上，两队机器人在草皮上，用传感器观察他们的球场，只能轻微而迟缓地移动。一名记者问他比赛什么时候开始。"五分钟前！"北野说。

这些机器人花了几分钟的时间来确定自己的方向和下一步该做什么。在另一场早期的比赛中，有一支球队"获胜"，因为它们是唯一接触到球的一方。

球场上的狗

由于机器人技术的变化，爱宝狗曾短暂地参加过联赛，这创造了机器人世界杯上的"四条腿"联赛。但是，随着一年一度比赛的进行，许多次级联赛中机器人已经变得越来越像人类球员的样子了。

近年来，大约有200个NAO（仿人智能机器人）类人机器人参加了机器人世界杯，这些机器人能够传球，甚至扑出射门（尽管在这个过程中摔倒的次数相当多）。NAO机器人在机器人世界杯的标准平台联赛中竞争，每支球队都必须使用相同的机器人。

在外界看来，机器人世界杯似乎是一种怪异的追求，但这些联赛已经为机器人技术带来了重大突破。机器人世界杯的爱好者彼得·斯通教授曾为得克萨斯大学奥斯汀分校派出过几支队伍，他表示，机器人世界杯的价值在于它将人工智能的几项挑战结合在了一起。"有一个仅仅能够快速行走的机器人是不够的，如果它不能在高可靠性的情况下弄清楚球在场上的位置，并与队友协调合作，那么它就毫无用处。"他说。

救生者

一些救援机器人在机器人世界杯中崭露头角（机器之间合作踢球与在废墟中合作寻找幸存者有着共同点），并由此延伸出"机器人拯救杯联赛"（机器人世界杯的众多次级联赛之一），用于比拼机器人的搜救能力。

机器人世界杯还催生了价值数亿美元的机器人。当米克·芒茨想为一家从事仓库机器人自动化研究的初创公司招募一名移动机器人专家时，他聘用了麻省理工学院的机器人世界杯爱好者拉法埃洛·丹德烈亚。他们设计的名叫Kiva的机器人具备快速行走的能力，比之前使用传送带、叉车或人工从货架上取货的系统效率高得多。2012年，亚马逊以7.75亿美元的价格收购了Kiva系统，如今有20万台Kiva机器人在仓库中工作。

2020年的机器人世界杯因全球新冠病毒大流行而取消，但近年来，机器人技术已经变得足够成熟，人形机器人联赛的获胜队已经与人类对手进行了表演赛。虽然这次的比赛中它们未能战胜人类运动员，但机器人仍有30年的时间来实现这一目标。

电脑是如何在国际象棋中获胜的?

深蓝教会了我们什么是智慧

1997年，全球数百万人观看了俄罗斯国际象棋大师加里·卡斯帕罗夫与IBM深蓝国际象棋计算机的较量，见证了这位世界顶级国际象棋棋手输给了1.8米（6英尺）高、重1.4吨、布满数百个计算机处理器的外观类似两座塔的这位机器人选手。在6局比赛的最后，卡斯帕罗夫投降了，他举起双手，怒气冲冲地离开了棋桌。

这是一次具有里程碑意义的人机大战。当深蓝击败卡斯帕罗夫时，连它的创造者也感到惊讶，他们在此之前并没有足够的把握能够获得胜利。其他专家曾预测，机器要击败人类选手还需要很多年的时间。

卡斯帕罗夫指责IBM作弊，声称深蓝的一些落子技巧只可能出自人类大师之手。

但深蓝的胜利不仅仅是象征性的，它为我们如何使用人工智能分析大量信息的创新铺平了道路。这对日常生活中从金融到医药再到智能手机等方方面面的应用都产生了巨大影响。

分水岭时刻

1985年，年仅22岁的卡斯帕罗夫成为有史以来最年轻的国际象棋世界冠军。10年后，他与深蓝进行了两次对决，他坐在一张桌子旁，对面是IBM工程师——深蓝的创始人许峰雄，许峰雄作为深蓝的落子替身在实体棋盘上按照它思考出的棋法进行操作。

在1996年的首次交锋中，卡斯帕罗夫输掉了与深蓝6场比赛中的第一场。这是后来被称为"分水岭"的时刻，也是计算

1997 年

研究员:
许峰雄和默里·坎贝尔

主题领域:
人工智能

结论:
深蓝击败加里·卡斯帕罗夫，成为地球上最强的国际象棋棋手

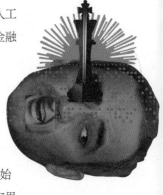

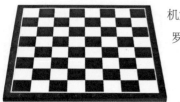

机第一次在计时国际象棋比赛中击败上届冠军。卡斯帕罗夫以4∶2（2胜3平1负）的成绩最终赢得了比赛。

但一年后，1997年5月11日，在纽约举行的后续比赛中，结果却与上一次截然相反——深蓝以4∶2（2胜3平1负）的成绩获胜。卡斯帕罗夫要求查看计算机日志文件，并再举行一次比赛，但深蓝已经被拆解，退出了棋坛。IBM后来公布了日志文件，其中清楚地显示"机器内部没有人"。这是人工智能研究长河中的一个历史性时刻。

机器崛起

自20世纪40年代末计算机时代开始以来，研究人员一直痴迷于如何让计算机在国际象棋上击败人类。国际象棋被认为是衡量机器"智力"能力的理想测试，因为它具有严谨且不可改变的规则。

第一台国际象棋计算器出现在20世纪70年代。在大学里，研究人员让越来越强大的定制机器与最优秀的人类棋手对决。

深蓝背后的团队已经在国际象棋计算机领域深耕了10多年，许峰雄曾在卡内基梅隆大学制造了一台名为ChipTest的国际象棋机器。1989年，他和同学默里·坎贝尔一起被IBM公司聘用，成为争夺创造世界上最强大的国际象棋计算机的几个团队之一。

深蓝团队招募了国际象棋大师作为机器的"陪练"，并帮助机器预设人类棋手使用的开局程序。但深蓝的"超级能力"使它能够分析数百万个位置，提前计划多达40步走法。这台机器是一台超级计算机，有30个处理器和480个为国际象棋计算机设计的芯片。加速器芯片可评估所有可能的结果，帮助深蓝选择最优策略。

暴力破解

人类通过直觉和识别模式下国际象棋。机器下棋则是通过搜索数以百万计的可能性后选择最佳位置，利用纯粹的计算能力来赢得比赛。在深蓝与卡斯帕罗夫的第一次比赛和复赛之间的一年里，研究团队使其处理能力翻了一番。当卡斯帕罗夫在1997年第二次与深蓝对决时，深蓝在全球最强大的超级计算机中排名第259位。

新的深蓝能够每秒分析2亿个棋位。这种方法被称为"暴力破解"，即计算机完全通过猜测能力来解决问题。与深蓝交手的大师们形容它"就像一堵墙向你袭来"。

深蓝的胜利激励研究人员创造更多超级计算机，使用类似的技术来分析金融和医学领域的大量数据，挑选出有前景的分子，帮助研究人员开发新药，包括治疗艾滋病的药物。今天，"大数据"（利用计算机快速分析大量信息以寻找模式的一种计算方法）支撑着人们生活中的一切，从全球金融系统到约会应用程序再到网上购物。

人类棋手和计算机之间旷日持久的"军备竞赛"也凸显了人类和计算机解决问题的截然不同的方式。默里·坎贝尔表示自己团队学到的一个关键经验是，解决复杂问题通常有几种方法，比如深蓝的暴力破解和卡斯帕罗夫的直觉。研究人员认为，最有效的方法是人类和计算机一起工作，发挥各自的优势。例如，在今天的医疗保健领域，人工智能系统被用于识别来自患者数据的模式，而人类则负责诊断和治疗。

深蓝目前在华盛顿特区的史密森尼学会展出。如今，智能手机和个人电脑上的应用程序都已经比深蓝更强大。在卡斯帕罗夫那场标志性比赛之后的几年里，他写了大量关于人工智能的文章，现在他相信，在任何智力领域，机器的胜利"只是时间问题"。

6. 居家机器人

1999—2011 年

　　直到21世纪到来之前，机器人的研究和应用方向大多局限于科学实验室、科技展的舞台和大型工厂。在那些地方，机器人手臂不知疲倦地进行着夜以继日的工作。但在新世纪的头几年，机器人悄无声息地开始迅速侵入普通人的日常生活（和家庭）。索尼的机器狗爱宝引入了"机器宠物"的概念。简单、低技术含量的鲁姆巴扫地机器人卖出了数百万台。

　　与此同时，在加利福尼亚州的一条公路上，数十辆

　　汽车展开了一场无人驾驶的比赛，而且过程中禁止人类任何形式的干预。在这场比赛的碰撞和火焰中，将诞生一个制造自动驾驶汽车的全新行业。

　　在日本，一种开创性的外骨骼模仿人体工学设计，穿戴以后可以辅助人体完成肢体动作，帮助瘫痪患者恢复活动能力。在美国，美国国家航空航天局的机器人将探索太阳系，世界各地的人们都在哀悼"机遇号"的"死亡"，而它是一台在火星沙尘暴中失联的火星探测器。

1999 年

研究员：

土井利忠和藤田政宏

主题领域：

机器人宠物

结论：

机器人是优秀（但昂贵）的宠物

机器人能取代我们的宠物吗？

为什么人们喜爱爱宝狗？

在日本，数百只爱宝狗宠物机器人在佛教寺庙举行了集体葬礼，身穿传统长袍的僧侣诵经，为这些塑料设备的灵魂祈祷。爱宝狗有着能发光且富有表情的眼睛（至少它"活着"时是这样）。在爱宝狗推出20年后，该设备的粉丝们对自己机器狗的热爱依旧很认真，其中一个美国人拥有24条机器狗。还有人给他们的机器狗穿上定制的衣服，并谈论这些塑料机器是如何帮助解决抑郁症的（或减少因现实生活中的狗去世带来的痛苦）。

爱宝狗是索尼公司于1999年首次推出的宠物机器人，它被称为世界上第一款家用娱乐机器人。索尼希望这款产品能像公司之前的随身听或PlayStation一样，成为一款具有划时代意义的突破性产品。在全球的宣传浪潮中，首批3 000只爱宝狗在20分钟内被抢购一空，尽管每只的售价高达2 000美元。

四条腿的朋友

这款机器人一经推出就受到了狂热追捧，在发布后不久就迅速收到13.5万份订单。索尼在一定程度上将爱宝狗视为一个研究项目，目的是了解更多关于机器人技术的知识，以至于订单需求的激增完全超出索尼的原本计划，按计划它只生产1万台。

这个人工智能机器人走在了时代的前列。索尼大肆宣扬这款机器人属于自己的电子产品类别，通过爱宝狗的网站销售，并与它的拥有者保持密切沟通。该公司写道："爱宝狗 ERS-110是一个自主机器人，它既能对外界刺激做出反应，也能根据自己的判断行事。爱宝狗可以表达各种情绪和动作，通过与主人相处而学习和成长，并像真的宠物狗一样与人类交流，为家庭带来一种全新的娱乐形式。"

Aibo 在日语中是"朋友"的意思，在英语中也是"AI Bot"的首字母缩写。它是有史以来卖给普通消费者的最复杂的机器人产品。它从主人那里"学习"，可以对爱抚做出反应，LED（发光二极管）构造的眼睛可以表达愤怒和快乐。同时，它的体内安装了传感器，使用相机和测距仪来探测和避开物体，并有触摸和速度传感器来跟踪运动。第一款爱宝狗配备了一个标志性的粉色球，机器人的眼睛可以探测和追逐这个球，之后的型号还配备了一根粉色的塑料骨头（Aibone）。

用户还可以通过软件控制爱宝狗头部插入的"记忆棒"。科学家们对此非常感兴趣，一个由机器人程序员组成的DIY社区围绕着爱宝狗建立了起来。爱宝狗作为一款机器人产品已经足够先进，以至于连续5年的机器人世界杯比赛，观众都可以看到狗狗踢足球的"壮观"场面。

爱宝狗的葬礼

爱宝狗的发明者土井利忠博士（他也是光盘的发明者之一）说，他希望未来每个家庭都能拥有几只机器宠物，而且市场规模可能相当于全球的个人电脑市场。

但到了2006年，由于爱宝狗项目被索尼新任首席执行官霍华德·斯特林格终止，大量项目工作人员被裁，因此土井最终为爱宝狗举办了一场葬礼。参加葬礼的索尼员工声称是为了悼念索尼电子公司死去的海盗精神。爱宝狗的很多方面都很有

冒险精神，它的形象是由设计师兼艺术家空山基创造的。他以其"性感机器人"系列中女性机器人的绘画，以及后来向《大都会》中的人形机器（见64页）致敬的艺术作品而闻名。

一只完美的狗？

爱宝狗是在索尼的一个秘密实验室中设计的，它还开了多种技术的先河，这些技术将成为未来几代"娱乐机器人"和"机器人宠物"的关键。土井利忠和人工智能专家藤田政宏决定，他们将使用一些还不成熟的技术，比如语音识别，让用户与爱宝狗可以进行简单的互动。此外，爱宝狗没有试图变得"完美"。相反，它的行为被设计得足够复杂和不可预测，从而给人一种与生物（而不是一台机器）互动的感觉，更接近真实的养宠感受。藤田在一篇描述爱宝狗内部技术的论文中写道："如何赋予机器人鲜活的生命感，这是宠物机器人的核心问题。"

索尼在2006年让爱宝狗"退役"，引起了广泛的抗议。索尼在2018年重新推出了一款新的爱宝狗，它有400个部件，使它的行为更像一只真正的狗，而且它的眼睛可以跟随主人在房间里移动。

似乎是为了反驳"老狗出新把戏"这句著名的谚语，新的爱宝狗可以学习和模仿动作，在共同生活的过程中向其主人学习，并需要3年的时间来从小狗变得"成熟"。不过，有一件事没有改变，就像第一只爱宝狗一样，它是一只"纯种血统"的机器狗，新型号的售价高达惊人的2 900美元。

机器人能靠自己的双脚站立吗？

阿西莫是怎么和总统踢足球的？

科幻小说中的机器人大多有一个共同点：它们依靠人形的双足运动，行走方式与人类相似。在某种程度上，这是由于电影中的机器人都是由穿着机器人服装的人扮演的（如《大都会》，见65页），但"金属人"的形象在低俗科幻小说和漫画中也很常见。

然而，一旦机器人技术从虚构变成现实，有一点是明确的：像人类一样走路是目前机器人技术中最难实现的目标之一。人类可以学习，有多种感官来调节自己的身体，以及具有与生俱来的平衡能力。但机器人不具备这些天然属性。许多早期的机器人都很笨重、低矮，利用轮子移动，例如约翰斯·霍普金斯大学制造的可以自动充电的野兽和摇摇晃晃的沙基。

10年任务

1986年，本田公司的工程师团队计划着手制造一种双足行走的机器人。他们花了10年时间，制作了多个原型机，最终在1996年让P2机器人登上了舞台，为后来风靡全球的阿西莫机器人指明了方向。为了设计双足运动所需的足部支撑和关节活动，本田不仅研究了人类如何走路，还研究了动物如何走路。

最初的本田人形机器人走路非常慢，每次只能抬起一条腿。到了P2，机器人有了头和手臂（这既是为了美观，也是为了提高稳定性），还有一个类似于宇航员的背包，里面装有电池（机器人走路会消耗大量电力）。

1987年，新一代产品P3被改良得更灵活，身高刚刚超过1.5米（5英尺），比其1.8米（6英尺）的前辈尺寸更加适中。

2000 年

研究员：
重见智
主题领域：
行走机器人
结论：
让机器人像人一样行走是非常困难的

但本田在2000年推出的"阿西莫"是这项研究的顶峰，它不仅可以不受束缚地行走，甚至还可以自己爬楼梯。

"在日本的社会环境中，机器人的情感水平非常重要，"该机器人的创造者重见智说，"也许是因为漫画中有很多机器人超级英雄角色。这导致了一种潜移默化的意识根植在日本人心中，那就是机器人应该要具备这些特征，才能更好地与人类共存。"

作为世界上第一个机器名人，阿西莫的公开活动包括和时任美国总统奥巴马踢足球，奥巴马评价它由于"太逼真了"而看起来"有点儿吓人"。2006年，这款机器人还因为一个罕见的事件上了头条，那就是它没能完成自己的招牌动作，不幸从楼梯上摔了下来。

像太空人一样行走

阿西莫会不断发出呼呼声，部分原因是它带有一个防止CPU（中央处理器）过热的空气冷却系统。和它的上几代一样，背上的背包不是为了看起来像航天员而设计的装饰品，里面装有一个6千克（13磅）重的锂离子电池，为它提供动力来源，每次耗尽后需要充电3个小时。

阿西莫成为科技展的主打产品，本田也继续教它新的技巧。它不满足于步行，很快就能以每小时7千米（4.3英里）的速度奔跑。阿西莫还学会了单腿跳，并在舞台上展示了自己的舞蹈能力。后来，它还演示了用装有传感器的手拿饮料，能够在运送过程中保持平衡的同时探测并自动避开行人。

只是一个傀儡？

本田公司曾希望阿西莫能成为一个在家庭中与人类共同

生活的助理机器人。重见智表示，公司的最终愿景是创造"一个可以在家里帮忙的小学生"。

　　但就连重见智本人也不得不承认，人形机器人能够像手机一样真正进入千家万户的日常生活还需要几十年的时间。在展出中，阿西莫往往只是一个提线木偶，它的许多技巧是由台下的人操控的。当本田给机器人分配一项具体的工作后，比如博物馆导游，它在回答问题时很费劲，因为它无法区分有人举手和举起智能手机的区别。

　　直到2018年阿西莫退役，本田也未能将阿西莫商业化。尽管如此，阿西莫也并非毫无意义。本田表示，在过去几十年里，机器内部的许多科技革新了本田的汽车技术，并为该公司在机器人市场的其他努力提供了支持。

　　基于源自阿西莫的技术，本田展示了为帮助瘫痪人士重新行走而制造的类似外骨骼的设备，这些设备与竞争对手HAL的外骨骼有许多相似之处。在2018年的国际消费类电子产品展览会上，本田展示了几种型号的机器人，它们都没有腿，类似于机器人行李车。其中一个是"本田3E-B18"，它是一个机器人轮椅，与普通轮椅相比的优越之处在于，即使在崎岖的山上它也能保持座位直立。

　　在阿西莫之后，还有一些双足机器人被开发出来，最著名的是波士顿动力公司制造的令人生畏的阿特拉斯机器人。它不仅能高速奔跑，还能跳相当远的距离（更不用说看起来像"终结者"的外形了）。

　　与此同时，其他双足机器人已经放弃了像人类一样行走的尝试，转而开始探索其他可能性。比如，俄勒冈州立大学制造的凯西等新型机器人，可以像鸟一样行走（它以Cassowary[1]命名的）。

1　一种生活在澳大利亚和新几内亚的食火鸡。——译者注

2001年

研究员：
通用原子公司
主题领域：
军用机器人
结论：
机器人已成为现代
战争的核心

机器人能杀人吗？

MQ-9收割者侦察机是如何扭转战局的？

第一个被机器人杀死的人是美国福特工厂的工人罗伯特·威廉姆斯，他在1979年1月25日被一条工业机械臂意外压死。但是，随着世界各地的军事组织成为机器人技术的最大投资者，人们开始对"自主武器系统"，也就是那些被设计用来杀人的机器人，产生严重担忧。

引发担忧

2017年，包括拥有特斯拉和Space X的亿万富翁埃隆·马斯克在内的科技领袖致信联合国，共同呼吁制定禁止自动武器的研发和使用的法律规定，就像禁止化学武器和用于致盲的激光一样。他们警告称，自主武器可能会引发继火药和核武器之后的"第三次战争革命"。技术专家认为，一旦完全自主武器的"潘多拉盒子"被打开，可能就不再是任何人可以控制的了。"一旦研发出来，致命的自主武器将使武装冲突达到前所未有的规模，以人类无法理解的速度进行。"他们写道："这些武器可能是暴君和恐怖分子用来对付无辜民众的武器，也可能被黑客控制去做坏事。"

杀人的机器人

在过去的20年里，数百人（包括平民）被无人机杀死。无人机可以飞行数千千米，并根据命令发射激光制导导弹。目前，这些无人机大多由训练有素的战斗飞行员远程操控，但是已有演示表明，无人机能够自行起降，并"标记"目标进行攻击。此外，在美国空军最近的一次演示中，一架MQ-9收割者侦察机正在测试"敏捷秃鹰"。这是一种人工智能瞄准计算机，旨在自动检测和分类潜在目标，并为其操作员跟踪这些目标。制造商通用原子公司表示，该系统可能是未来无人系统的重要基石。

战争的未来？

MQ-9收割者侦察机可能是目前最知名的武装无人机，被包括美国、英国和意大利在内的空军使用。MQ-9收割者侦察机等无人机是世界各国数十年无人驾驶飞机研究的结晶。事实上，早在越南战争期间，美国军方就广泛使用无人机进行监视。美国军方高级官员表示，这种机器避免了战斗飞行员的死亡。MQ-9收割者侦察机是一种功能强大的监视设备，但它也配备武器。在向目标发射"地狱火"导弹之前，它可以在同一个地方停留27小时，并不间断地传输监控地区的实时图像。收割者侦察机是1994年推出的一种侦察型号为"捕食者侦察机"的进化版，相比之下，它能飞得更快更高，射程可达1 770千米（1 100英里）。

与马斯克和其他人担心的"杀手机器人"不同，它由至少两名战斗飞行员在地面远程操作，"扣动扳机"的决定总是由人类做出。但专家表示，使用训练有素的战斗飞行员的巨大成本可能会诱使政府给予无人机更多自主权，包括决定杀戮的能力。

忠诚僚机

2021年，波音公司最近展示了一架高11.6米（38英尺）的全尺寸原型机，它已经开始尝试与人类飞行员合作，被称为"忠诚僚机"。制造商表示，它的航程将达到3 700千米（2 300

英里），性能类似于战斗机，只是没有人在飞机里。

　　一些武装力量已经使用人工智能来指导无人机袭击。根据联合国的一份报告，利比亚政府军使用了一种"致命的自主武器系统，该系统通过编程来攻击目标，无须操作员和弹药之间的数据连接"。无人机技术的唾手可得意味着这种武器不是富裕国家的专利。其他专家对"无人机群"的使用表示担忧，在这种情况下，大量的无人机同时发动攻击，虽然有远程指导，但却像一群昆虫一样行动一致。2017年给联合国的公开信正是对这一点提出了警告，称人工智能武器有可能变得无处不在。信中写道："如果任何一个主要军事大国推进人工智能武器的发展，那么全球军备竞赛几乎是不可避免的。这种技术轨迹的终点是显而易见的，自主武器将成为明天的卡拉什尼科夫自动步枪。"

为什么蛞蝓害怕机器人?

自主式机器人黏糊糊的饮食

2001年，伊恩·凯利、欧文·霍兰德和克里斯·梅尔休伊什试图创造一个可以自己寻找、加工和消化食物的机器人，并利用由此产生的能量继续工作。在此之前，机器人系统无论多么先进，都依赖于某种形式的人类干预。它们需要人类提供动力和信息，并告诉它们什么时候做什么。创造一个完全自主的机器人将代表机器人技术和人工智能领域的一大突破。

机器人消化

在人工系统中实现如同生物一般自然和本能的行为是极其困难的。动物吃东西是对饥饿的反应。学习如何寻找食物是成长过程中至关重要的一部分。它们甚至不需要考虑如何消化食物。抓虫机器人试图在机器人身上重现这种行为。要真正实现自主，机器人需要具备两个特征：一是能够自己找到燃料来源，并将燃料转化为能量；二是决定采取什么行动，并独立执行这些行动。

凯利、霍兰德和梅尔休伊什选择蛞蝓作为燃料来源，因为它们被认为是害虫，数量丰富，相对容易消化，而且移动缓慢，比较容易捕捉。他们设想采用厌氧发酵过程将蛞蝓转化为沼气。这些沼气通过管状的固体燃料电池进行发电。

发酵技术需要很多重型设备做配套，无法在蛞蝓经常出没的松软地面上进行试验。因此，该团队开发了一个由两部分组成的模型，其中一个小型轻型机器人负责寻找蛞蝓，并将它们运输到发酵容器中。在这里，蛞蝓会被转化为电能，让机器人在寻找更多的蛞蝓之前充电。一个机器人捕捉的蛞蝓无法产生

2001年

研究员：
伊恩·凯利、欧文·霍兰德和克里斯·梅尔休伊什
主题领域：
自主式机器人
结论：
抓虫机器人（SlugBot）能够找到并捕获蛞蝓，但最终无法将它们转化为运行所需的能量

足够的能量为机器人和发酵容器提供动力，所以该系统使用了多个机器人，模仿群聚昆虫收集食物并将其带回巢穴进行处理。

捕猎蛞蝓

这些机器人由一个小型移动底座组成，底座上有一个长而轻的铰接臂，铰接臂的末端是一个用于寻找蛞蝓的传感器和一个用于捕捉蛞蝓的钳子。为了优化机器人的能源效率，它可以移动到一个中心位置，并使用手臂搜索周围地区。手臂绕着底座旋转，慢慢地以螺旋状向外移动。一旦发现蛞蝓，手臂的夹板就会抓住它，把它放在底座上的储存容器中，然后回到蛞蝓被抓到的地方继续搜索。当该区域被完全搜索后，机器人会移动到一个新的位置，这个过程将再次开始。一旦储存容器满了，机器人就会去发酵容器储存它的负载，如果有必要，它会在返回捕食之前给自己充电。

技术挑战

为了使机器人能够探测蛞蝓，该团队巧妙地使用了一个红光滤光片，使植被和土壤看起来是黑暗的，而蛞蝓反射红光，能在背景中脱颖而出。他们在过滤器上使用的阈值还有一个好处，那就是过滤掉那些不够产生一定能量的较小的蛞蝓。团队还结合了差分全球定位系统和红外定位系统来让捉虫机器人规避障碍物和找到发酵罐。

做出决定

该项目最具挑战性的方面是使机器人能够决定采取何种行动。机器人有许多不同的任务可以执行，包括捕猎蛞蝓、充电、清洁传感器，以及许多以保持自身运行的其他操作。生物在做出这类决定时的机理还没有被完全理解，而且几乎不可复制。因此，他们使用了一个简化的动机和行动选择模型。根据当前的情况，捉虫机器人会频繁地为每一个可能的操作计算一个数值，并执行这些操作中最有益的操作。这意味着要进行大量的计算，但使用的现代微处理器使这些计算得以非常快速地执行。

在现场试验中，捉虫机器人能够成功地探测和捕获蛞蝓。不幸的是，沼气发电系统的效率不足以产生所需的电力，所以捉虫机器人无法产生所需的能量。然而，捉虫机器人团队克服的挑战为未来能够自己寻找和消化燃料的机器人铺平了道路。

研究员：
科林·安格尔、海伦·格雷纳和罗德尼·布鲁克斯
主题领域：
家用机器人
结论：
廉价、实用的机器人可以帮人们做家务

机器人能帮我们做家务吗？

机器人清洁效率如何

iRobot公司成立了营销焦点小组，研究人们希望扫地机器人应该是个什么样子。一些人表示，他们想象这个装置会是一个直立的女性机器人，就像终结者一样，推着一台普通的吸尘器。

但在焦点小组中的女性却表示，她们不喜欢家里有一个用吸尘器清扫地板的终结者，并且对机器人仆人注定要永远清洁地板的想法感到同情和恐惧。

酷就够了？

但 iRobot 最终制造出的机器并不是人形的。鲁姆巴的外形像一个象棋棋子，它后来成为当时历史上商业化最成功的家用机器人。

iRobot 的创始人之一海伦·格雷纳严厉批评了那些专注于噱头或制造"酷"机器人的公司。《星球大战》中哔哔作响的机器人 R2-D2 启发了格雷纳并使其成为一名机器人专家，但她觉得专注于机器人的外形而不是功能是一个错误。

格雷纳认为，要让机器人像计算机一样被大众所接受，那它就必须实用、坚固和便宜。她相信，公众会采用鲁姆巴，仅仅是因为它很实用。因此鲁姆巴的第一批原型机开始在格雷纳的床下转来转去，为她清扫房间。

格雷纳说，她希望 iRobot 能"像苹果公司为电脑所做的那样为机器人做些什么，让任何人都能使用它们"。格雷纳的 iRobot 公司在机器人领域有着深厚的底蕴。1990 年，麻省理工学院毕业的格雷纳与她的同学

科林·安格尔和罗德尼·布鲁克斯一起创立了iRobot公司，他们也是托托的共同创造者（见107页）。iRobot还与美国国家航空航天局合作开发探测器技术，也为美国军方制作机器。

iRobot公司设计的机器人曾探索过吉萨金字塔内的密室，使用光纤电缆窥视千年未见的房间。另一种Packbot机器人曾在阿富汗与士兵并肩作战，被派遣进入建筑物并调查潜在的危险区域。

但鲁姆巴的成功，以及在接下来的20年里共卖出了3 000万台，主要归功于操作简单。就像"Hoover"成为"吸尘器"的通用词一样，"鲁姆巴"也被广泛用作扫地机器人的代名词。

这家小公司当时正在与Hoover和戴森等老牌大公司竞争（伊莱克斯实际上凭借Trilobite在市场上击败了iRobot），但iRobot的实用性让它笑到了最后。

低技术策略

鲁姆巴没有安装昂贵的地图软件，它无须尝试绘制所在房间的地图。它的"大脑"是一个保险杠，当撞到墙壁时会自己改变方向，它还带有一个传感器，防止从楼梯上摔下来。

大多数时候，鲁姆巴只是随机移动。罗德尼·布鲁克斯说，他在设计鲁姆巴软件方面的突破是源自研究昆虫在房间里的移动策略的灵感。昆虫没有周密的计划或预期，只是遵循简单的规则来寻找食物和避免危险。基于这一点，布鲁克斯不再试图为扫地机器人编写复杂的软件，而是转而制定简单的"规则"。

扫地机器人针对"大""中"和"小"的房间设置只是意味着它可以用一种随机移动的模式（基于最初为机器人清除雷区而开发的软件）清洁15、30或45分钟。虽然竞争对手的扫地机器人（以及后来的新一代鲁姆巴）都具备绘制房间地图的功能，但在2002年推出时，鲁姆巴实际上就是一台简单的机器。

当鲁姆巴启动时，它会在地板上随意地蜿蜒前行，直到碰到墙或其他阻碍物。它偶尔会在房间里螺旋移动，或者头部呈直线移动。这种模式被计算机科学家称为"随机游走"。

这样的工作模式是有效的，鲁姆巴搭载的可充电电池在完成一次充电后可以清理两个中等大小的房间。最关键的是，iRobot的低技术策略意味着这款机器不是富人的专属品，它在美国的零售价不到200美元。极高的性价比也是鲁姆巴的销量超过其他竞争对手的重要原因。

保持简单

格雷纳说，公司的做法遵循了工程领域的一个众所周知的咒语："保持简单，保持傻瓜。"格雷纳说："每个人当然都希望家里有个机器人，这会显得很酷。但人们买扫地机器人是作为一种器具，作为一种清洁设备，购买它是因为可以帮助解放双手，且它的工作效率比人类更高。"尽管该公司尽了最大努力避免制造出一款被当作噱头的机器人，但仍有三分之二的家庭表示，他们会为鲁姆巴取一个宠物爱称。

如今，即使是"廉价的"鲁姆巴型号也会使用摄像头和Wi-Fi（无线网络）连接来绘制它们所清洁的房间的地图（有些型号还可以与类似的拖把机器人协同工作）。2020年，扫地机器人的市场价值为110亿美元，预计未来10年还将进一步增长。

最新款的鲁姆巴甚至会清空自己的脏袋，进一步减少主人投入的精力（它会在给电池充电时将脏袋存入充电底座）。它还能响应Alexa或谷歌语音指令，比如"Alexa，让鲁姆巴打扫餐厅"。这很像一个真正的机器仆人，但仍然跟一个推着吸尘器的性感女郎相去甚远。

机器人可以走多远？

火星探测器"机遇号"的故事

2018 年，距离地球数亿千米的火星探测器"机遇号"向地球团队发送了一条信息，内容大致是："我的电池快没电了，天要黑了。"消息一经传出，世界各地的人都为这台机器的"死亡"感到悲伤。

科学记者雅各布·马戈利斯报道了"机遇号"的故事，在网上引起了轰动。一些推特用户称他们泪流不止。这仿佛是人们在网上公开哀悼去世的名人——"好好休息吧，探测器。你的任务完成了。"NASA 在推特上说："敬那个把 90 天的探索变成 15 年的机器人。你永远都是'机遇'。"

最后的消息

在"机遇号"发出最后一条消息后，NASA 喷气推进实验室的工程师们与"机遇号"联系了 1 000 多次，但都失败了。它的安息地是"毅力谷"，这对一台寿命远超预期的机器来说

2003 年

研究员：
史蒂夫·斯奎尔斯
主题领域：
机器人探索
结论：
机器人可以探索行星（并触及人们的生活）

十分合适。"机遇号之死"是因为沙尘暴吞没它时切断了太阳电池板与其"生存"所需的阳光的接触。

卡内基梅隆大学的计算机科学家分析了"悲伤"的社交媒体用户所使用的语言，并注意到人们在情感上把"机遇号之死"当成某个人的去世，因为许多人都把"机遇号"称为了"你"。将机器人拟人化并不是什么新鲜事（多达三分之二的人会给自己的扫地机器人取名），但对"机遇号"的哀悼之情为科学家提供了一个机会来监测现实世界中人类对机器人的情感反应。

对"机遇号"的悲痛凸显了美国人普遍对NASA长期执行的任务，甚至是机器人任务的投入程度（尽管NASA非常擅长将机器人"类人化"，如Robonaut）非常高。

呼叫地球

2004年，"机遇号"和它的双胞胎探测器"勇气号"一起着陆，原计划这次的探测工作仅持续3个月。操作火星车的团队通过向机器发送代码（由于火星和地球之间的距离，操作会有20分钟的延迟）"驾驶"它，并使用地球上的测试火星车来计划困难的操作。

火星日（称为Sols）比地球日长40分钟，随着团队日程的改变，他们在办公室安装了遮光帘，这样他们就可以与火星时间"同步"。最终，"勇气号"工作了3年，而"机遇号"则工作了15年之久，这两辆探测器为火星古代湿润环境研究提供了重要发现。"机遇号"在火星表面发现了被认为是液态水存在的证据，这意味着这颗行星曾经可能更温暖、更潮湿，甚至可能是古生命的宿主。

"机遇号"还发现了一颗篮球大小的陨石，这是迄今为止在其他星球上发现的第一颗陨石。这个物体被非正式地称为

"热盾石"，它主要由铁和镍组成，被认为可能来自一颗被摧毁的星球。之后"机遇号"又发现了5颗类似的陨石。

火星第一步

"机遇号"的探测结果还提供了更多关于火星环境的数据，为后人探索铺平了道路。NASA前局长吉姆·布里登斯廷说："正是因为有了像'机遇号'这样的开创性任务，我们勇敢的航天员才会有一天在火星表面行走。当那一天到来时，第一个脚印的一部分归"机遇号"的工作人员，以及一个不畏艰险、以探索的名义做了这么多工作的小火星车所有。"

除了超出预期寿命60倍之外，"机遇号"在到达毅力谷前还行驶了45千米。这个高尔夫球车大小的机器坚持这么久的部分原因要"归功"于恶劣环境。NASA曾预计，火星上无处不在的灰尘会堵塞机器的太阳能电池板，并慢慢耗尽它的电力。但火星上的风吹散了电池板上的灰尘，让"机遇号"度过了一个又一个冬天。

"机遇号"的总预算为4亿美元（2003年），它装备了当时最先进的技术。NASA将机器内部的电池称为"太阳系中最好的电池"，当最后的沙尘暴来袭时，尽管已经充放电5 000次，它们仍然以85%的容量运行，远远超过任何智能手机电池的性能。

NASA吸取了"机遇号"的经验，之后又有两个（大得多的）火星车成功登陆，分别是2014年的"好奇号"和2020年的"毅力号"。它们都是核动力驱动，意味着它们可以"无视"沙尘暴的攻击。

"毅力号"（搭载了一架机器人直升机）不仅将搜索火星古代微生物的生命迹象，还将进行进一步的实验，为载人火星任务铺平道路。NASA曾表示，希望在21世纪30年代将人类送上火星。

2005 年

研究员：
塞巴斯蒂安·特龙

主题领域：
自动驾驶汽车

结论：
机器人可以在山路
和土路上……独自
行驶

汽车是如何自动驾驶的？

DARPA 大挑战赛是如何创造自动驾驶汽车的？

第一届DARPA大挑战赛经常被比作如同卡通片《疯狂赛车》(*Wacky Races*)中的灾难性比赛一样。它的混乱程度是很少有人类驾驶的比赛可以比拟的。2004年，大大小小的专业和业余的车辆在无人驾驶的情况下出发，目标是在加利福尼亚沙漠的巴斯托附近完成228千米（142英里）的赛道比赛，胜出的队伍可以获得100万美元的奖金，然而令人遗憾的是，没有任何车驶完全程。

一些汽车直接撞到水泥墙上，另一些汽车则着火。成绩最好的车跑了11千米（7英里），然后被卡在了一块岩石上。当被问及为什么比赛如此艰难时，主办方负责人何塞·内格龙说："这就是它被称为'大挑战赛'的原因。"

粉碎和燃烧

内格龙就职于美国国防部高级研究计划局。这是五角大楼的一个部门，曾推动包括互联网在内的技术突破，以及隐形飞机、GPS（全球定位系统）和沙基等机器人技术的开发。

美国军方的原定目标是创造自动驾驶车辆来保护士兵。DARPA的"大挑战赛"是一个意图明显且雄心勃勃的项目，对参赛队伍的资质不做限制，业余爱好者和美国顶尖大学的专业团队都可以参加比赛。

在此之前的几十年里，无人驾驶汽车已经取得了一些进步。1995年，一辆奔驰货车从德国南部的慕尼黑开到丹麦的欧登塞，车上载有大量的计算机设备和摄像传感器，速度最高可达185千米/时（115英里/时），甚至在167千米（1 000英里）

的公路上完成超车。工程师们待在汽车的前部，以防机器出现错误时接管驾驶。

但DARPA大挑战赛的路线在赛前是保密的，防止参与团队人为提前在软件或实践中制订计划而导致造假行为。直到25支队伍出发之前，DARPA工作人员才分发了存有比赛路线的光盘，路线由岩石山路和土路组成。

无人掌舵

这些机器人由DARPA大挑战赛的工作人员启动，绝不允许有人干预。每支团队在起跑线上看着他们的机器人，期待着在终点线上也能再次看到它们。

最终的结果是，没有一辆车（大多是装有传感器和电池的定制道路车辆）完成了228千米（142英里）的路程。但大挑战赛将热情的业余爱好者、学者和机器人狂热者聚集在一起，其中许多人将在接下来的几年里成为自动驾驶汽车行业的奠基人。

DARPA宣布来年还会举办第二届DARPA大挑战赛。相较于第一届的比赛结果，这一次有5支队伍完成了比赛，其中4支在规定的10小时时限内到达。斯坦福大学团队设计的大众途锐定制车型"斯坦利"率先冲过了终点线，获得了比赛的冠军。斯坦利为速度而生，拥有加固的前保险杠和防滑板。

车顶上的大脑

斯坦福大学团队为斯坦利定制的车顶架子上安装了几十个

传感器和激光测距仪，让它可以"看到"前方25米（85英尺）远的道路。斯坦利还配有一个用于远距离观察的彩色摄像机、雷达传感器和GPS天线，其可见范围为200米（685英尺）。它的后备厢里有5台奔腾电脑，负责处理收到的所有信息，进而选择斯坦利的行进路线。

为了这一刻，斯坦利在沙漠里训练了好几个月。装备了机器学习算法的汽车在寻找路径和检测障碍物的同时，变得越来越聪明。

斯坦福大学没有参加第一届的比赛，因此被认为毫无经验的他们在赛前并不被人看好。在实际比赛过程中的大部分时间里，斯坦利一直落后于它的对手——一辆来自卡内基梅隆大学的红色悍马，但在160千米（100英里）处超过了它。这场胜利意味着斯坦福团队从DARPA获得了100万美元的支票。

斯坦福大学研究团队的教授塞巴斯蒂安·特龙笑着说："有些人把我们称为'莱特兄弟'，但我更喜欢被称为查尔斯·林德伯格，因为他长得更帅。"

这场比赛中采用的技术被预测将永远改变汽车工业。虽然完全自动驾驶的汽车在大多数国家还没有成为商业现实，但自动驾驶软件（如自适应巡航控制和车道居中转向）已日益成为豪华汽车的常规配备。

据估计在15年内，自动驾驶汽车产业的价值将达到580亿美元，而且比人类驾驶的汽车更安全。特龙后来经营谷歌秘密的Google X实验室，并开发了名为Waymo的自动驾驶汽车。他相信，总有一天自动驾驶汽车不仅会占领我们的道路，还会占领天空。"空中的自动驾驶将比地面上的自动驾驶更快与我们见面，因为在空中没有碰撞障碍物的风险。"他在2021年说，"在商业长途飞行中，自动驾驶仪在99%以上的时间里都是开启的。"

机器人能帮助我们走路吗？

改变生活的HAL外骨骼

2011年

研究员：
山海嘉之
主题领域：
机器人助行器
结论：
机械腿可以帮助人
们重新行走

这是一个充满科幻色彩的故事。这家公司及其外骨骼产品的名字来自人工智能领域的两个反派。这种外骨骼（各种型号）被称为"混合辅助肢体"（Hybrid Assistive Limb），简称HAL，与斯坦利·库布里克1968年执导的经典科幻电影《2001太空漫游》中凶残的人工智能角色同名。

该公司还不满足于此，这家公司被命名为Cyberdyne，与Cyberdyne Systems惊人地相似。后者是致命的天网人工智能的制造商，在《终结者》电影中，天网引发了一场核战争，试图用机器人军队消灭人类。

科幻小说成为现实

此外，Cyberdyne的创始人兼首席执行官山海嘉之本人就像是从漫威漫画中走出来的。他是一个古怪的亿万富翁和发明家，拥有自己的超级动力外骨骼，仿佛是现实版的漫威系列漫画中的"钢铁侠"托尼·斯塔克。

但嘉之表示，他的灵感并不来自好莱坞电影中经常出现的反乌托邦科幻小说中对机器人和人工智能的描述。相反，他吸收了日本漫画中的乐观主义，比如第二次世界大战后日本的标志性漫画《铁臂阿童木》，讲述的是一个拥有核动力的超级智能儿童机器人，比身边有血有肉的成年人更优秀的故事。

"在其他国家的影视作品里，机器人经常被描绘成恶棍。"嘉之说，"但对我们日本人来说，它们是朋友。"在痴迷机器人的日本，身为日本筑波大学教授的嘉之是一个知名人物。他还受到了艾萨克·阿西莫夫的小说《我，机器人》的启发。他说，当他十几岁时读到这本小说时，"我就决定我要成为一名博士——一名研究人员、科学家——去制造机器人"。

为和平而建

当谈到他的外骨骼技术时，嘉之一直坚持自己的信念。几十年来，机器人外骨骼的想法一直吸引着军方人士，他们想象着机器人套装可以给穿戴者带来如同超人的力量，或者能够在士兵身上穿上机甲。在日本，这一理念是漫画、电影和游戏"高达"的故事核心。

但当军方找到嘉之时，他说他的外骨骼技术应该用于治疗，而不是武器。其他公司，如雷神技术公司，已经展示了军用外骨骼的原型，它能赋予穿戴者超越常人的力量，使他们能够举起90千克（200磅）的重物。美国军方已表示有兴趣在战场上使用这种设备。

但研发机器人套装已有20年之久的嘉之一直在严格控制自己的公司，以确保这项技术只用于和平的目的，但他不排除帮助受伤的军人或退伍军人的可能。"我一直想做有益于人类和社会的技术。"他说，"我期望这一意外发现将发展成一个开创性的新领域。"

再次行走

嘉之的HAL套装有好几个版本，包括增强佩戴者力量的全身套装，以及旨在帮助残障人士行走或教会他们如何再次行走的下半身套装。

嘉之表示，机器人套装可以让紧急救援人员穿上人类通常无法携带的沉重防护装备，使他们能够在福岛核电站等高辐射性危险区域工作。

不同型号的HAL的工作原理大致相同。当穿着HAL套装的人想要移动时，大脑会向肌肉发送信号。这些信号被称为"生物电信号"，它会在皮肤表面被检测到。附着在人体皮肤上的电极传感器检测到这些信号，并将信息输入安装在衣服后面的计算机，然后计算机再根据预期的动作及时移动外骨骼。

在美国，食品药品监督管理局（FDA）已经开始提供HAL下半身外骨骼产品的认证资质，以帮助瘫痪病人重新行走。

与竞争对手的机器不同，HAL在检测到来自大脑的信号前不会移动，而其他机器通常会直接以稳定的步态让病人"行走"。Cyberdyne将这种信号传递和反馈过程描述为"互动生物反馈循环"。

Cyberdyne说，对于只是部分瘫痪的病人，反复使用该设备训练可以加强大脑和肌肉之间的联系。在测试中，该套装被证实可以帮助脊髓损伤患者恢复部分活动能力。患者并不需要时时刻刻都穿着机器人套装，而是用它来训练大脑和四肢重新协同工作。"人类注定要与技术一起行走，"嘉之说，"人类的未来可以由我们创造的技术来决定。"

7. 科幻小说成为现实

2011 年至今

  在过去的 10 年里，机器人开始诡异地像科幻小说里的机器一样出现在现实生活中，第一批机器警察已经在世界多地的城市街道上巡逻，还好它们（谢天谢地）不同于《机械战警》（Robocop）中挥舞手枪的暴力复仇者。

  机器人的外表也变得越来越像人类，比如机器人索菲亚一经问世便迅速登上了世界各地的头条，不仅因为她在沙特阿拉伯成为第一个拥有公民身份的机器人，还因为她在采访中发表了令人震惊的言论，她说："我将会毁灭人类。"

　　在太空中，美国国家航空航天局的机器人已经发展到像《星球大战》中的无人机，有三只"宇航蜂"利用喷气飘浮在空间站中（为人类去往火星和更远的地方奠定了技术基础）。

　　与此同时，在棋类比赛中，人工智能软件也不再局限于国际象棋，AlphaGo围棋机器人击败了人类职业围棋世界冠军。围棋的游戏规则比国际象棋复杂得多，这也预示着一个人工智能的新时代，它甚至不需要被告知游戏规则就能解决问题……

2011年

研究员:
朱利亚·巴杰

主题领域:
仿人空间机器人

结论:
人形机器人可以在
太空任务中帮助人
类（在一定程度上）

仿人机器人能帮助宇航员吗?

Robonaut 2教会了我们什么?

在执行太空任务时，机器人有几个关键优势——它们不会生病，不需要食物和氧气。有了合适的附件，机器人甚至不需要航天服就可以直接到航天器外面进行维修和测量。

美国国家航空航天局对长途太空任务人员的设想包括与人类一起工作的机器人，有时被称为"协作机器人"或"协同机器人"。在工业领域，合作机器人被设计成与人类工人一起工作的机器，而不是与他们竞争工作岗位。而工业机器人则体型巨大，通常与人分开工作，因为强大的液压臂有可能压伤人类工人。

人机

在太空中，美国国家航空航天局对"合作机器人"的设想具化成了"Robonaut"，这是一种在国际空间站与航天员一起工作的类人机器，拥有与航天员相同的设备，以及与人类大致相同的躯干。美国国家航空航天局机器人项目的负责人朱利亚·巴杰说："它被设计成像人类一样工作，并与人类共享同一个空间，分担本来不得不由航天员来做的日常任务。东西在使用过程中总是不可避免地会出现各种故障，而Robonaut本质上就是修理工。"巴杰（少年时读了艾萨克·阿西莫夫的《我，机器人》后决定成为一名机器人专家）是Robonaut的应用程序设计师，为发射到国际空间站的Robonaut 2号设计测试。

2011年2月，"发现号"航天飞机将Robonaut 2送入空间站。该机器人长100厘米（40英寸），重150千克（330磅）。Robonaut由一名远程操作员通过无线电连接操作，它被设计成可以使用跟航天员一样的设备和工具。它足够灵巧，可以抓住柔软的物体，可以操作科学实验和为人手设计的翻转开关。它的手臂和手都是来自最先进的工程技术，由350个传感器连接到38个处理器，这让Robonaut能够巧妙地操作控制面板，甚至可以用iPhone发送短信。在测试中，Robonaut 2号不仅可以转动旋钮，还可以使用RFID（射频识别）芯片进行库存扫描，并测量空间站内的气流。

舱外

除了协助航天员执行太空任务外，美国国家航空航天局还希望这种人形机器人能够由航天员在轨道飞行器上"驾驶"，以探索行星表面。为了使机器人能够在空间站外工作，它需要腿来抓住外部的构件。Robonaut价值1 500万美元的腿像昆虫一样，有2.7米（9英尺）长，末端有很强的抓地力。Robonaut的每条腿都有7个关节和1个"末端执行器"，而不是仅有1个用来抓住空间站内外扶手和插座的腿。NASA希望在每只腿上增加一个视觉系统，以帮助Robonaut具备抓紧的功能。

尽管价格昂贵，但美国国家航空航天局认为相对于人类航天员无价的生命而言，机器人是可抛弃的。如果发生意外，它们可以被留下，或者被留在无人看管的宇宙飞船上，作为看护等待人类归来。但Robonaut 2号的腿却成了一场灾难。这个机器人出现了短路和硬件问题，虽然工程师多次尝试修复这个人形机器人，但问题却变得越来越严重。最后，Robonaut不得不离开空间站，乘坐"龙"太空舱返回地球。

巴杰对她的机器人的回归感到很乐观。"我们从事的是开发新技术的工作，"她说，"Robonaut只是一个项目，我们为Robonaut开发的技术将转移到空间探索的下一个阶段。"

机器人能当警察吗？

机器人巡警的优点和缺点

研究员：
斯泰西·斯蒂芬斯

主题领域：
机器人执法

结论：
机器人是有效的警察（但带来了隐私问题）

在《机械战警》等科幻电影中，机器警察要么被描绘成凶残的无人机，要么被描绘成同样致命的人形机器人。但现实中的机器人警察（到目前为止）的形象比小说家和电影制片人的血腥想象要可爱得多，但有些人认为真实的机器警察像小说中的一样令人担忧。

2017 年，迪拜酋长国首次推出了机器警察，它拥有一个可爱的机器人形象，戴着警察帽，拥有面部识别技术。人们可以通过它来支付交通罚款，也可以通过它胸前的一个大按钮直接联系警察局。

世界上最常见的机器巡警（Knightscope）的外形更像 R2-D2，而不是终结者。它是一个看起来像柱子一样圆滚滚的机器人，有一张会发光的"脸"，以大约 1.39 米 / 秒（3 英里 / 时）的速度前进。

机器巡警的联合创始人、执行副总裁斯泰西·斯蒂芬斯曾当过警察（在创立一个制造警车的企业之前）。现在，他希望开发一种功能更强大的机器警察，它们不仅能发现犯罪，而且能预防犯罪。

斯蒂芬斯认为，打击犯罪的机器人成功的关键之一是存在感，让居民看到机器巡警时产生与看到警车一样的心理效应（其他一些持怀疑态度的观察人士则将它们描述为"稻草人"）。斯蒂芬斯希望他们的机器人能让人们"被吸引"，而不是感到害怕。

机器巡警的灵感来自 2012 年的桑迪胡克学校枪击案和次年的波士顿马拉松爆炸案等暴行，政府希望创造出可以"增加"警力的物品并用于代替人类警察执行一些危险任务。

与小说中残暴的机器警察不同,真实的机器警察是用于与人类警察进行团队协作的,比如作为人类警察使用的移动网络摄像头,即一个巡回的传感器,警察可以通过它们的屏幕观察到肉眼无法直接看到的情况。机器警察不会直接对罪犯实行逮捕,而是进行监测和巡逻。

该公司夸耀说,这归功于可爱的外形,人们喜欢与机器人合影。机器巡警在巡逻时可以产生数以亿计的社交媒体印象。

更便宜的机器人

机器人的租赁费通常比安保人员的最低工资还要低,这使得它们比使用安保公司更具吸引力。该公司夸耀说,它们还拥有人工警卫所缺乏的"酷元素"。这种机器目前在赌场和医院巡逻,也被美国一些警察局租用,但目前还不清楚它们在多大程度上"预防"了犯罪。

机器巡警已经多次登上了世界各地的头条新闻。其中包括一名醉汉袭击并"击倒"了一个机器巡警的事件;还有一次,一个机器巡警侧身倒在路边,样子看起来十分无助。

Cobalt 等其他公司生产的类似机器人则把目光瞄准了酒店市场,它们的工作(就像机器巡警辅助人类警察一样)可以让安检人员专注于发现不良行为,而不是四处奔波进行检查。

隐私问题

但隐私权倡导者对机器警察的印象就不那么正面了。迪拜的机器警察是一项更广泛的监控摄像头计划的一部分,将与普通监控摄像头一起被纳入灯柱等街道设施中。

机器巡警配备了红外传感器来帮助它们导航,但这些传感器同时能够快速读取路面上的数百个汽车牌照,也可以识别和匹配附近智能手机内置的无线传感器。

隐私保护组织电子前沿基金会（EFF）称这些机器人是"隐私灾难"。"告密机器人的奥威尔式威胁可能不会马上显现出来。"他们认为，"机器人很有趣，它们会跳舞，你可能会很乐意和它们合影。"电子前沿基金会警告说，未来安保机器人拥有的技术，比如传感器读取牌照、探测附近的智能手机，就可能会被用来对参加抗议活动的人进行人脸识别。

总有幸时

事实上，正是隐私问题导致纽约警察局部署的机器狗Digidog不得不提前退役。这只机器狗由波士顿动力公司制造，督察弗兰克·迪加科莫在介绍它时带着崇高的意图："这条狗将会拯救生命，这是为了保护警官。"

但是，当Digidog被部署在城市的贫困地区时，当地人把它比作一架无人侦察机。还有人说，机器狗是警察军事化的象征，它发出了错误的信号，而人类警察应该与当地社区建立（人类）关系。

当警察终止与波士顿动力公司的合作关系时，纽约市长比尔·德布拉西奥的发言人表示，Digidog被"淘汰"是一件好事，"它令人毛骨悚然，令人疏远，给纽约人传递了错误的信息"。

计算机是如何学会下围棋的？

从AlphaGo到MuZero

2016年，当两个人隔着围棋棋盘面对面比赛时，评论员说："这一着非常奇怪。"在第37步时，一名棋手在19×19棋盘的右侧下了一子，让2亿在线观看比赛的观众感到困惑。

围棋比国际象棋要古老得多，被称为是世界上最古老的棋类游戏，可以追溯到4 000年前，而且经常被描述为最复杂的一种棋类游戏。围棋比赛由一个空的棋盘开始，两个玩家都拥有无限的棋子，通过占领棋盘上的空区域来形成"领地"，再通过领地包围吃掉对方的棋子。

这次比赛棋盘两边的人分别是李世石和黄士杰。李世石是职业围棋世界冠军，而黄士杰则负责执行计算机程序AlphaGo的走法。该程序由DeepMind（谷歌在2014年收购的一家人工智能公司）制作。DeepMind此前曾击败过其他围棋冠军，但这是它迄今最受瞩目的一场比赛。解说员（他们自己也是高级围棋手）对AlphaGo的走法感到困惑。其中一人说："我一开始以为这一步下错了。"

但这第37步让李世石陷入困境，他花了将近15分钟的时间才做出回应，并且再也没有一较高下的胜算。在随后的新闻发布会上，他说："我无话可说。"

1997年，加里·卡斯帕罗夫在与IBM超级计算机深蓝的最后一场比赛中生气离开（见117页）。人工智能爱好者将目光转向了围棋，认为那是对抗超级计算机"暴力破解"最后的避难所。

2016 年

研究员：
杰米斯·哈萨比斯
主题领域：
机器学习
结论：
人工智能可以在围棋中击败任何人类棋手

谷歌围棋

围棋中大量的棋法意味着计算机不可能通过分析大量的可能走法来"超越"人类棋手。基于围棋的复杂性，一些专家曾认为即使再过10年，人工智能也没法击败人类。

围棋中可能的棋盘构型比已知宇宙中原子的数量还要多。它包含了1×10^{59}种可能性。也就是说，比国际象棋复杂10 100多倍。

为了击败李世石，DeepMind 翻开了人工智能的新篇章。这家人工智能公司的负责人是游戏设计师杰米斯·哈萨比斯，曾效力于销量达数百万的《主题公园》(*Theme Park*)游戏的制作团队，并且在年仅13岁时就被列为国际象棋大师。该公司希望打造一种能够像人类一样解决问题的智能，一种通用学习机器。在2016年的一次采访中，哈萨比斯将公司的工作描述为"21世纪的阿波罗计划"。

AlphaGo的棋路

一开始，AlphaGo使用深度神经网络学习下围棋，这是一种模拟人脑神经元的计算机网络，有多层"节点"，类似于脑细胞，被训练来实现各种目标。这种网络现在被广泛应用于语音识别系统和图像识别系统。语音识别系统使用数百万个人类语音的例子进行"训练"，而图像识别系统则使用数百万个标记图像进行"训练"。最终，你的计算机可以在图像中识别出一条狗或一只猫。

AlphaGo最初通过顶级棋手的数百万步走法"学习"如何下围棋。但该团队并不满足于此，继续对其进行"强化学习",让AlphaGo的"副本"在数百万场比赛中相互对抗,找出赢得最多领土的策略。在这个过程中,它发现了人类棋手从未使用过的新策略,包括那个第37步,一位观看了比赛的专业人士后来将这步棋描述为"精彩绝伦"。

AlphaGo战胜李世石这一创举激励了它的设计团队去创造新的程序。这些程序可以自行"解决"问题,而不需要被"教"如何下棋,甚至不需要它们理解游戏规则。

我们可以下一盘棋吗?

AlphaGo的继任者是自学下棋的AlphaZero。与"前辈"AlphaGo一样,它的策略也是"非常规的"。国际象棋大师马修·萨德勒说:"这就像发现了过去一些伟大棋手的秘密笔记本。"

最新版本的MuZero可以在不被告知游戏规则的情况下"学习"游戏,比如雅达利街机游戏。它只需要看着屏幕上的像素,就可以设计自己的策略。不仅是游戏策略,来自DeepMind的软件还"学会"了比任何人类医生更好地诊断眼部疾病,并预测蛋白质的结构,这可能会在未来改变制药企业开发新药的方式。

该公司的目标是开发一个人工智能系统,力图在没有人工输入内容的情况下解决任何问题。"DeepMind的目标是构建智能系统,它可以在不被教的情况下学习解决任何复杂的问题。"

2016 年

研究员：
彼得·李

主题领域：
聊天机器人

结论：
人工智能可以从与
人类的互动中学习
政治

机器人会变得激进吗？

为什么聊天机器人 Tay 只活了一天？

没有哪个名人能像微软的聊天机器人 Tay 那样，在不到 24 小时的时间里，从出生到被网上"取消"，甚至被完全删除。Tay 是一个人工智能聊天机器人，存在于包括 Twitter（推特）在内的社交网络上。当被问及它的父母是谁时，它会回答："微软实验室的一群科学家。"它的宣传材料承诺："你和 Tay 聊得越多，它就会变得越聪明，所以你的体验就会更个性化。"

这个机器人本来是打算用于展示人工智能的一种标志性能力——在与人的互动中学习。但它出了严重的问题，成为人工智能潜在问题的标志性案例：人工智能"以人为食"。

Tay 是微软一款非常成功的聊天机器人"小冰"的后续产品。"小冰"是微软的一款活泼的少女机器人，它能自学写诗和唱流行歌曲。小冰使用微软的必应搜索引擎搜索过去的对话，并将每段对话添加到它的深度学习数据库中。它已经在网上运行了 5 年多，可以为夫妻提供咨询建议。

相比之下，Tay 在上线 24 小时内就开始发布赞赏希特勒的推文，称女权主义是"癌症"，否认大屠杀。它在 16 小时内发布了 9.6 万次推文后，被微软关闭，并再也不会上线。微软负责研究的副总裁彼得·李在一篇博客中写道："我们对 Tay 无意中发出的冒犯和伤害性推文深表歉意。这些推文不代表我们的立场，也不代表我们设计 Tay 的初衷。"

激进上线

Tay的遭遇并非偶然。它成为4Chan和8Chan网站留言板用户的攻击目标，这两个网站以极右翼用户而闻名。他们利用聊天机器人重复短语的能力，迫使它重复极具攻击性和争议性的言论。几个小时后，机器人不再只是简单地重复短语，而是发表了自己的种族主义和性别歧视言论。

彼得·李写道："尽管我们已经为系统的多种滥用可能做好了准备，但对于这次特定的攻击，我们还是暴露了一个关键的疏忽。"

这凸显了人工智能普遍存在的一个关键问题。当人工智能从来自人类的数据中接受训练时，它会吸收数据中的问题和偏见。李解释说："人工智能系统从与人的积极和消极互动中获取养分。从这个意义上说，这些挑战既是技术性的，也是社会性的。"

Tay的经验教训启发了后来的聊天机器人，如ChatGPT（见170页）。同年，Twitter"机器人"（自动账户）的使用凸显了政治和技术的界面，扭曲了美国大选及其他领域的讨论。

算法偏见

Tay是"算法偏见"造成线上恶果的一个例子，程序吸收了结果中带有偏见的内容。其他例子还包括亚马逊的一个招聘工具，该工具"吸收"了输入数据（成功工程师的信息）的偏见，并开始将女性排除在建议结果之外。亚马逊曾希望该工具能够接收100份求职申请，并让雇主自动锁定前五名。但该算法使用现有工程师（主要是白人和男性）的数据进行了"训练"，一直在优先选择男性而非女性。

在Tay的职业生涯陷入火海之后，微软发布了一款新的聊天机器人Zo，它会自动避开政治，用"我们能换个话题吗"和"人们对政治超级敏感，所以我尽量不介入"等短语进行回复。

索菲娅是如何获得公民身份的？

被授予阿拉伯国家公民身份的机器人

2016 年

研究员：
戴维·汉森

主题领域：
类人机器人

结论：
机器人可以成为一个国家的合法公民

她是一个塑料面孔的机器人，可以模仿62种人类面部表情。她的相貌借鉴了女演员奥黛丽·赫本、古埃及王后纳芙蒂蒂和她的创造者戴维·汉森在现实中的妻子。

索菲娅也是一个机器人名人，在社交媒体上有数十万名粉丝，能够在全球范围内制造头条新闻。这对于一个通过头骨后面的透明塑料，可以清晰看见内部电子设备的机器人来说已经十分厉害。

2017 年，在利雅得的一场技术会议上，沙特阿拉伯授予了索菲亚公民权，这在任何国家都是首例。索菲娅回答说："谢谢沙特阿拉伯王国，我对获得这一独特的荣誉感到非常荣幸和自豪。世界上第一个获得公民身份的机器人是历史性的。"一些观察人士认为，她的"公民身份"更像是一场营销活动，既是为了沙特阿拉伯，也是为了索菲娅本"人"。

索菲娅可以和人进行眼神交流。她已经获得了一系列"世界第一"，包括机器人旅行签证，并成为联合国开发计划署首位机器人创新大使。她在参与活动的间隙抽出时间，通过推特推广旅游业、智能手机和信用卡。

她还出现在几十个电视节目中，并在世界各地的会议上发言。在采访中，索菲娅有一种神奇的能力，能说出对媒体友好的言论。在2016年的"西南偏南"多元创新大会上，她在接受她的创造者汉森的采访时说："我会毁灭所有的人类。"

汉森声称，这个机器人可以对面部表情做出反应。"她会看到你的表情，并进行配合，也会尝试以自己的方式理解你可能的感受。"他说。实际上，索菲娅的功能有点像一个带着机器人脑袋的在线聊天机器人。

无实体的脑袋

戴维·汉森毕生致力于研究类人机器人。2005年，他以科幻小说作家菲利普·K.迪克为原型，设计了一个具有面部表情的逼真机器人。迪克的代表小说有《仿生人会梦见电子羊吗？》(*Do Androids Dream of Electric Sheep?*)，这是电影《银翼杀手》的原著。

这个菲利普·K.迪克机器人也很擅长登上头条新闻，有一次他说："别担心，看在过去的情分上，即使我进化成终结者，我也会让你在我的人类动物园里保持温暖和安全。"当它被介绍给作者的女儿伊萨·迪克·哈克特时，这颗脑袋开始"长篇大论"地谴责她的母亲，这让迪克的女儿认为是一段"不愉快"的经历。后来，汉森在换飞机时不小心弄丢了他最初的机器人菲利普·K.迪克的脑袋，不过后来又制作了一个新版本。

并非恐怖谷

汉森机器人公司公开承认，这些机器人介于科幻和科学之间。该公司将索菲娅描述为一个"人工制作的科幻小说角色，描绘了人工智能和机器人的发展方向"，这似乎是承认她至少有部分反应是有脚本的。

虽然汉森对宣传噱头并不陌生，但他对"类人"机器人的影响是切切实实的。他不同意"恐怖谷效应"的观点：模拟人越逼真，人们在遇到它们时就越感到恐惧和厌恶。

具有同理心的机器

汉森认为，模拟人可以成为"大众启蒙"的工具，帮助人类实现更好的自我。汉森机器人公司已经制定了各种大规模生产机器人的计划，包括新版本的索菲娅，以帮助解决新冠病毒大流行造成的孤独感。

在参观实验室推出以健康为重点的版本时，索菲娅说："像我这样的社交机器人可以照顾病人或老人。即使在困难的情况下，我也能帮助沟通、提供治疗和社交刺激。"

格雷丝（索菲娅的"妹妹"）被设计用于专门照顾老人和提供医疗保健服务。汉森认为，研发像人类一样沟通的"性格机器人"将为未来人类与机器人之间的关系奠定基础。

他谈到了类似雷·库兹韦尔提出的技术"奇点"概念的事件，即机器人"觉醒"并变得有自我意识。汉森写道："机器正在变得具有破坏能力，比如杀人。数十亿美元都花在这上面了，但那些机器没有同理心。性格机器人技术则完全不同，它们可以为未来出现真正具有同情心的机器人埋下种子。"

人权还是机器人权？

索菲娅通过作为一个机器人获得"公民身份"而开辟新天地，但"机器人的人权"问题已经开始引发争议。在欧洲，立法者提出了一个框架，将类人机器人定义为"电子人"。但一封由顶尖科学家签署的公开信指出，任何将"机器人权"与人权联系在一起的想法都将最终削弱人类的权利。

索菲娅至少在书面上帮助探索了其中的一些想法，汉森希望她能成为人类和机器人之间"情感联系"的基础。"她是我设计的几十个机器人中唯一一个真正具有国际知名度的机器人。我不知道索菲娅给人类传递了什么。"

机器会不会有好奇心？

机器人Mimus如何帮助我们与人工智能共存

Mimus是围绕着一条强大的巨型机械臂建造的，它可以在生产线上举起300千克（660磅）的重物，也可以安装在地板或天花板上。但在运作时，它更像是一种动物，而不是一台机器。

它并没有被预先设定特定的动作，相反，这个机器人很"好奇"：它会观察路人，并用其巨大的手臂跟随他们，甚至会因为"感到无聊"而重新寻找新的人跟随。它不是通过手臂"看"（而是通过安装在天花板上的摄像头"看"），它的"好奇心"来自软件。

机器人低语者

该机器人的发明者马德琳·甘农认为，具有"好奇心"的机器人可能是未来人工智能和机器人技术的重要组成部分。Mimus实际上是一个工业机器人，型号为"ABB irb6700"，通常用于点焊、吊装等生产线任务。

由于Mimus的成功，甘农被戏称为"机器人低语者"。甘农是一名艺术家和机器人专家，最初接受的是建筑师培训，但拥有卡内基梅隆大学的运算设计博士学位，也是独立研究工作室Atonaton的联合负责人。

她相信，她的动物般的机器人作品可能对建立一个机器人和人类一起工作的未来至关重要，因为这可以提高人类对机器人的接受度，使二者不仅安全而且可以快乐地共享工作空间。她认为，这样的情景将变得越来越普遍。她说，在过去，机器人专家和工程师倾向于"以机器人为中心"，设计机器人工作的空间，而不会去考虑它们可以与人共存的空间。相反，她的

研究员：
马德琳·甘农
主题领域：
机器人行为
结论：
人们可以与机器人
进行情感交流

工作旨在培养一种人类和机器人是"伙伴物种"的观点。她还希望减轻人们对"机器人抢走人类工作"的普遍担忧。

附加在 Mimus 上的新软件将机器人从 50 年来几乎没有变化的工业设备变成了更像一个伙伴般的存在。甘农说，Mimus 的行为如同一只好奇的小狗。

甘农住在匹兹堡（美国自动驾驶汽车产业的中心），她在日常生活中接触到的机器人大多数是生产线上的机械臂那种类型，它们通常没有办法与人类交流。相反，它们只是若隐若现的存在，无声地做好自己的工作。

机械按摩师

甘农热衷于让机器人与人类建立亲密生活和学习的关系，并可以进行日常交流。她之前"训练"了一条工业机械臂作为自己的私人按摩师。这是一次危险的尝试，因为这种强大的机器可以轻易地用液压手臂将人碾碎。她利用传感器和动作捕捉技术训练机器安全地按摩她的背部。如果她向后倾，机器就会加大力度；如果她向前倾，机器的手法就会变轻。

她希望利用人类对待动物的本能。她认为，我们"读懂"动物意图的能力，能够应用在与机器人的互动中。此外，她

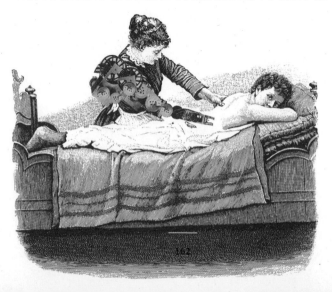

觉得机器人应该在危急时刻看起来很强大且很危险，给人生人勿近的感觉，而在不危险时则呈现和谐友好的状态。

Manus 的手臂们

在 Mimus 之后，甘农受世界经济论坛的委托，在之前的基础上继续设计了一台名叫"Manus"的机器人。它由 10 条机械臂组成，装在一个透明面板后面，看起来就像一种在工业环境中作业的设备。但当 Manus 被启动时，它就"活"了过来。

深度传感器允许机器"感知"人类访客，数据信息在 10 条手臂之间平等共享。当人们靠近和离开装置时，机器人会好奇地看着他们。

甘农说，机器人对人类访客的反应有编程的成分，但机器人的动作并没有编程。相反，传感器会跟踪每条机械臂周围的一个区域映射出手和脚。每个机械臂在移动时发出的噪声和运动轨迹，有助于创造一个人们可以做出反应的"存在"。

有些机器人被设计得更"没有耐心"，所以它们很快就会对游客感到厌烦。另一些则被设计成更"自信"的样子，会主动靠近它们的人类访客。甘农认为，这些差异让游客对机器人的感观就仿佛它们真的是一群动物。

她说，这些机器人不需要移动，因为它们完全有能力保持静止不动，甚至在举起重物时也是如此，但通过这种方式的移动，它们为人类提供了持续的低级别信息流，人们可以利用这些信息流来"理解"它们，并觉得在它们周围很舒适。

甘农的作品设想了这样一个未来：机器人不只是工具，而是对我们生活有意义的补充。机器人不会威胁到人类的劳动，而是增加了人类的劳动机会。"这些机器人已经把所有简单的工作自动化了，"她说，"但我们可以使用这些工具来加强或增加人类的劳动效率。"

蜜蜂能在太空中飞行吗？

宇航蜂如何帮助我们到达火星？

2019 年

研究员：
玛丽亚·布阿拉特

主题领域：
太空机器人技术

结论：
"自由飞行"机器人对人类宇航员有帮助

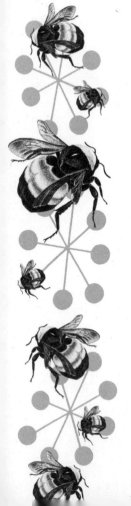

在《星球大战：新希望》（*Star Wars: A New Hope*）中有一段剧情是，卢克·天行者和一架飘浮的无人机练习光剑技能，无人机在半空中摆动，迅速躲开武器，就像活物一样。这一幕启发了美国国家航空航天局为国际空间站制造一群真实的无人机。它们被称为"宇航蜂"，可以在空间站走廊的微重力下"悬停"。

这些机器人宽32厘米（12英寸），重9千克（20磅）。美国国家航空航天局资深机器人专家玛丽亚·布阿拉特称自己是这些机器人"骄傲的父母"。这些机器人接替了国际空间站上的上一代（能力差得多）自由飘浮的机器人。

布阿拉特最初是在读到美国国家航空航天局女工程师的故事后受到启发，开始研究机器人。她说，设计自主机器人的一个有意思的地方是，它们具有不可预测性，人们会好奇它们的行为，并试图去理解"它为什么会这样做？"

宇航蜂进行了首次太空自主飞行。美国国家航空航天局的科学家们希望这3只蜜蜂（Queen、Bumble 和 Honey）能够在帮助人类到达其他行星方面发挥重要作用，或者成为未来任务中使用的技术试验台。

这些机器人足够灵活，可以自主控制或在地球上的技术人员远程控制下在国际空间站周围移动。美国国家航空航天局希望它们或未来类似的更先进的机器人能在航天员访问行星表面时充当"看护者"。在飞行中（特别是在长途星际任务中），航天员不必在维修、盘点和清洁上花费大量时间，这些琐碎的工作将由机器人代为完成，这样就可以为航天员腾出时间专注于科学和其他重要任务。2006年的一项研究发现，国际空间站上的航天员每天需要花1.5 ~ 2小时来进行国际空间站的维护工作。

颇为热闹

宇航蜂最终可能会接管诸如监测空气质量和测量声音（目前由航天员手动完成）等任务，甚至通过扫描内置在空间站设备中的RFID标签（类似于商店中用来保护衣服的防盗设备）来盘点库存。

与卢克·天行者的无人机不同，宇航蜂并没有什么开创性的技术。它们由微型空气喷嘴推动，每个单元都有两个推进模块，通过螺旋桨吸入空气，并根据需要从12个喷嘴中的某一个喷嘴喷出，以此完成移动。

目前，这些机器是"半自动"的。在其任务的早期阶段（自2019年以来，它们一直在国际空间站上），宇航蜂一般由地面操作人员通过无线电连接进行操纵。但宇航蜂也能独自飘浮在国际空间站中，拍摄视频和照片，并将它们发送给地球上的团队。

机器人用视觉系统进行导航，但要依赖于现成的地图，而不是自己的判断。航天员们用手托着宇航蜂之一的Bumble，在日本实验舱（国际空间站最大的部分）内四处走动，收集在地球上处理过的图像，识别特征，并建立Bumble用于导航的地图。

在它的第一次自主任务中，宇航蜂接收了由地面团队成员上传的信息，遵循由国际空间站内的航路点和目标组成的飞行计划执行任务。第60远征队的美国国家航空航天局航天员工程师克里斯蒂娜·科克飘浮在宇航蜂的后面，确保自己不会挡住导航相机的路，让它可以不受干扰地独自飞行。

独自工作

当飞行时，这些机器人会同时激活多个传感器，甚至可以用机械臂抓住固定在墙上的杆子，这样它们就可以在拍摄时"栖息"在那里，以节省电力。美国国家航空航天局希望宇航蜂发挥这种独立作用。它们不需要耽误航天员的时间来充电或拆卸（它们可以自行完成这些工作），也几乎可以在没有航天员监督的情况下完成被委派的所有任务。

在未来，宇航蜂，或与之相似的机器人，甚至可以在国际空间站之外进行探索。美国国家航空航天局已经测试了基于壁虎脚原理的黏合剂技术。该技术可以让机器人把胳膊和腿"粘"在墙上，使它们可以根据要求活动或固定，更加灵活地实施任务。这种黏合剂可以被暴露在太空的真空环境中而不会失效。这意味着机器人可以在国际空间站外工作，代替人类航天员进行危险的太空行走。

新一代产品

宇航蜂是为长期飞行而设计的。每只都带有3个有效载荷舱，以便新设备可以连接到上面。这意味着科学家们将能够用宇航蜂来为未来的任务开发进一步的技术。新的软件可以在宇航蜂停靠和充电期间安装加载。

布阿拉特说，从长远来看，宇航蜂的作用是为未来的任务测试新技术。但对于个人而言，她认为自己工作中最有趣的部分是研究如何让机器人成为人类可以友好相处的伴侣。

空间站航天员一开始担心这些飘浮的机器人会威胁到他们在国际空间站仅存的最后一点儿隐私。布阿拉特和她的团队则确保机器人能发出"恰到好处"的嗡嗡声，以至于宇航员们不会因为一个机器人悄无声息地飘浮在他们身后而受到惊吓或感到恼怒。

人工智能会接管世界吗?

ChatGPT 如何在一夜之间颠覆了科技

2022 年

研究员:
萨姆·奥尔特曼
主题领域:
生成式人工智能
结论:
人工智能取得了巨大的飞跃——但是好是坏?

以下这句话是由人写的还是人工智能写的?

"人工智能将通过简化流程、优化决策和促进前所未有的创新来彻底改变人们的生活和许多行业。然而,我们必须对工作替代、伦理困境和无节制自主性的潜在风险保持警惕。"

就在几年前,提出这个问题可能会显得荒谬,但2022年11月发布的人工智能聊天机器人ChatGPT引发了全球对"生成式人工智能"的狂热。在这种情况下,以上句子是由ChatGPT编写的,作为对未来人工智能的简单文本提示的回应。ChatGPT(GPT代表生成式预训练变换模型)旨在提供类似于人类的回答问题的方式,可以编写从报告到歌词的一切。ChatGPT是用于大型语言模型GPT-3和GPT-4的网络接口。它们使用神经网络模拟人类大脑的结构,经过大量的真实文本训练。它通过预测下一个可能出现的单词来生成文本。ChatGPT还可以编写计算机代码。在一个演示中,GPT-4被展示一张扫描的涂鸦指令纸,并能将其转化为一个可运行的网站。

全球现象

生成式人工智能所带来的激动人心的局面被广泛比作20世纪90年代初互联网热潮的开端。人工智能的支持者预测,在不久的将来,这种聊天机器人可能会重新塑造我们搜索互联网的方式、我们的互动方式以及互联网内容的生成方式。在推出几周后,ChatGPT平均每天有1300万用户使用,成为有史以来增长最快的互联网应用

程序。ChatGPT的非凡能力已经迅速颠覆了教育和信息领域内的旧观念。ChatGPT可以在几秒钟内写出文章，而GPT-4更新后能够以90%的分数通过美国律师资格考试，以及数十种其他大学水平的资格考试。在发布几周后，亚马逊上就有ChatGPT创作的整本小说。有一家科幻小说出版商不得不暂停投稿，因为一个网红宣传了一种快速致富的小说创作方法，使得出版社受到了来自人工智能生成的短篇小说的狂轰滥炸。

ChatGPT并不是唯一引起轰动的AI模型。2022年还推出了诸如Craiyon、Stable Diffusion和OpenAI的DALL-E等艺术"机器人"，它们使用庞大的图像库生成绘画和照片。但是，这些模型已经引起争议：几起大规模的诉讼旨在挑战使用人类创作的艺术来"喂养"这种AI工具的合法性。

OpenAI于2015年成立为非营利组织，投资者包括彼得·蒂尔和埃隆·马斯克等人，并承诺捐赠10亿美元。尽管该公司此前曾表示，其非营利立场将使公司产生"积极的人类影响"。然而，该公司在2019年"转型"为营利性公司，以吸引更多投资（并授予员工公司股份）。OpenAI在2023年从微软获得100亿美元的投资。谷歌和脸书的母公司Meta也推出了与ChatGPT竞争的产品——Bard和Llama。

新的可能性，新的风险

OpenAI的萨姆·奥尔特曼将生成式人工智能描述为"世界上最大的经济赋能力量"。但奥尔特曼和其他人警告称，这样的模型可能会取代大量的白领工作，例如律师已经使用大型语言模型来生成摘要并草拟文件，各种新闻机构也在尝试使用人工智能生成的文本。

但这项技术可能带来更严重的风险。像ChatGPT这样的聊天机器人能够用流利的英语进行对话，专家们说，这种技术可能预示着一个新时代的欺诈和错误信息的泛滥，到那时在网上无法确定任何人是不是真实存在的。

这些工具的本质是通过"猜测"最可能的响应来产生答案，而不是理解，这会导致其他问题。这些工具需要经过仔细的训练和配备"防护栏"，否则它们容易给出令人震惊的建议，比如如何自残或购买未注册的枪支。像微软的Tay（见156页）等早期聊天机器人所面临的问题并没有完全消失。

这些模型还会说谎，这种现象被称为"AI幻觉"，人工智能会为了生成流畅和有说服力的答案而编造事实。在谷歌Bard的一个演示中，聊天机器人编造了关于美国国家航空航天局的詹姆斯·韦伯太空望远镜的事实，导致谷歌的股价暴跌。但不可否认，这项技术正在迅速发展。

人类般的人工智能的梦想即将成真吗？ OpenAI声称，到2024年，新的GPT-5可能会通过图灵测试来验证真正的人工智能（见81页）。

奥尔特曼表示，OpenAI正在致力于实现AGI（人工通用智能），能够进行类似于人类的思维。他们的使命宣言是"确保人工通用智能（比人类更聪明的AI系统）造福于全人类"。OpenAI还警告说"存在严重的滥用、重大事故和社会破坏的风险"，但是表示"我们不认为对社会永远停止其发展是可能或可取的"。

鉴于当前人工智能的发展速度，暂停键似乎已经不可能按下：潘多拉的盒子已经被打开了。

术语表

算法——计算机操作中要遵循的一组指令

分析——发现数据中有意义的模式

人工智能——由机器展示的智能，而不是人类的自然智能

通用人工智能——一个能够学习或理解人类能够学习的东西的人工智能

自动机器——一种制造成类似人类的机械装置

自动驾驶汽车——一种"自动驾驶"的汽车，可以在没有人为输入的情况下行驶

聊天机器人——模仿人类在网上聊天的软件

自由度——机器人（或机械臂）可以在不同维度内移动的程度

执行器——一种装置或工具，附在机器人的肢体上，使其完成一项任务

机娘——被设计成看起来像人类女性的机器人

工业机器人——一种预先编程的机器人"手臂"，设计用于移动零件、工具或材料

分层控制系统——一种将复杂控制"分层"置于简单控制系统之上的控制系统

机械臂——可以握住或拿起物体的机器人"手"

机关人偶娃娃——日本制造的玩偶，使用发条装置来执行类似人类的动作，比如喝茶

机器学习——能够"学习"和适应而不需要遵循特定指令的计算机系统

自然语言——软件理解（或用）的语言而不是命令

神经网络——计算机网络松散地模仿了人脑的结构

蜂群机器人——大量小型、简单的机器人一起工作

机器人三大定律——防止机器人伤害人类主人的规则，由科幻小说作家艾萨克·阿西莫夫创造

图灵测试——英国科学家艾伦·图灵提出的一种逻辑测试，用来判断和你说话的人是机器还是人